ESTAT DES FAVSSES PROPOSITIONS
MISES EN AVANT PAR I. PVIOS,

Qui sont en effet, ou ce qu'il qualifie FVTILITEZ, *ou ce qu'il a mis en auant pour qualifier du nom de* FVTILITEZ, *ce qu'il n'a peû comprendre, connaincuës de* FAVX *en ce liuret és endroits cottez en chacun Article.*

1. Le quarré de la ligne T V (en la figure cottée CINQ de la demie feüille qui se déploye, où sont imprimées les figures) n'est pas plus petit, ou n'a pas esté demonstré plus petit que le dodecagone inscrit. CHAP. 2. DE LA I. PART.

2. La plus grande des pretenduës moyennes proportionelles de M. de Laleu, entre deux lignes en proportion double, est plus petite que les dixneuf parts, dont les vingtquatre font le tout de la plus grande des extremes, ou de la ligne double. CHAP. 3. DE LA I. PART.

3. Que la raison de 1 à 2 n'est pas la raison double, encores que plusieurs Autheurs comme Boëce, Nicomachus, Theon Smyrnæus, Gaphoro, le Fevre d'Estaples, & quarante-cinq Autheurs l'ayent ainsi appellee.

4. La raison de 1 à 4 ne peut pas estre dite plus grande que celle de 1 à 2, quoy que Boëce, Luca Paciolo, Franchino Gaphoro, Loüis Folian, Georges Lokert, & Iean Keppler en ayent vsé de la sorte : dautant qu'il n'y a pas de difference entre ces deux manieres de parler, 1 à 2 a plus grande raison, que non pas 1 à 4, & la raison de 1 à 4 est plus grande que celle de 1 à 2.

5. Le quarré des huict neufuiémes du diametre d'vn cercle, est plus petit que la figure de XXIV costez circonscrite au mesme cercle. III. PARTIE.

6. Le quart de la circonference du cercle supposé de dix parties, telles que le costé du quarré inscrit en contient neuf, est plus petit que le quart du circuit de la figure de XXIV costez circonscrite au mesme cercle. III. PARTIE.

7. De plus, il est vérifié que *le quarré de la ligne T V* (en la figure cottée VIII. en la demie feüille qui se déploye, où sont imprimées les figures) est plus grand que la figure de *XXXII costez circonscrite.* CHAP. 3. DE LA II. PARTIE.

AV LECTEVR.

E deſſein que Iacques Puios peut auoir eu, en condamnant pour ſeconde fois de contradictiõ ſon bon Maiſtre & bienfaicteur M. de Laleu, ſur le ſujet de ſa pretenduë quadrature du cercle, eſt autant hors d'apparence, & difficile à comprendre, qu'il a eſté en l'année 1638. au liure intitulé *Propoſitions Mathematiques*, &c. quand il l'a condamné de fauſſeté, au ſujet de ſa pretenduë Duplication du Cube. Puiſque s'il y auoit perſonne qui deuſt ſe garder de rien dire, ou faire, qui prejudiciaſt au ſieur de la Leu, & renuerſaſt ſes deſſeins; c'eſtoit I. Puios, qui pour auoir fait ſon apprentiſſage ſur le *Temple figuré ſecret, ou Temple de paix*, comme il l'a auoüé franchement par eſcrit publié & imprimé, ne pouuoit ignorer la conſequence, que tiroit apres ſoy la condamnation de ces deux inuentions, toutes deux obtenuës *par reuelation*, s'il en euſt voulu croire ledit ſieur de Laleu, qui les a données à diuerſes rencontres depuis l'année 1619. en pluſieurs placards imprimez, & tres-expreſſement en vne lettre addreſſée aux Iuifs, dattée du Temple de la Rochelle le 25. Decembre 1632. pour vn ſigne manifeſte & irrefragable *de leur rappel & reunion à l'Egliſe Catholique, qui n'a iamais erré*. Il ne pouuoit pas dauãtage gaſter le myſtere de ſõ bõ Maiſtre qu'il a fait, puis qu'il n'y a perſóne de la Natiõ Iuiſue, qui ſçachât que luy Puios a eſté initié ſur le tẽple figuré ſecret, ou tẽple de la paix, ne diſe. *Ou en ſommes nous? M. de Laleu par ſon Epiſtre du 25. Decembre 1632. nous promet la paix de la part de l'Egliſe Catholique. Ce qu'il auoit fait repreſenter au tableau appellé le Temple figuré ſecret, ou Temple de la Paix. En d'autres placards il nous aſſure de noſtre prochain rappel. Il nous en a donné pour ſigne la reuelation qui luy a eſté faite de la quadrature du Temple Celeſte, & du double du Cube de l'autel elementaire terreſtre & aquatic. I. Puios ſon diſciple initié ſur ce Temple de Paix, en vn liure imprimé à Paris en l'an 1638. a dit que ceſte duplication du Cube eſt fauſſe. En vn liure imprimé à Roüen en l'an 1642. chez Guillaume Loyſelet: il dit que ſon Maiſtre eſt tombé en contradiction touchant le coſté du quarré, qu'il a en la page 19. du liure imprimé à la Rochelle, maintenu egal au cercle en l'année 1619. temps auquel il a commencé de nous donner les aſſeurances, & à manifeſter les reuelations qu'il a eu de la quadrature du cercle, & Duplication du Cube. Si cela eſt, nous voyons bien que I. Puios n'en croit rien: Doncques ce que nous en pouuons tenir de plus certain, eſt que nous ſommes auſſi eſloignez de ce que M. de Laleu nous aſſeure, que M. de Laleu l'eſt de ſes pretentions, au teſmoignage de ſon diſciple.* Cecy ne peut eſtre ſceu par M. de Laleu qu'il ne cognoiſſe qu'il a eſté mal ſeruy par I. Puios, qui l'a heurté ſi rudement & inconſiderement. Encores que tout bien conſideré, il doiue auoir moins de ſujet de s'emerueiller, qu'il ne ſembleroit du premier coup, puiſque ce ſien commis ne s'eſt pas eſpargné ſoy-meſme, quand pour decrier la Refutation de ſon libelle des pretenduës *Nullitez*, il a penſé pour le dire tout cruëment, faire croire,

A

REFVTATION

D'vn Libelle imprimé à Roüen en l'annee 1642.
sous le titre de

FVTILITEZ DES RAISONNEMENS, &c.

Où il est monstré comme il a esté fait au sujet d'vn autre
Libelle enuoyé de Lyon, intitulé

NVLLITE' DES DEMONSTRATIONS, &c.

Que les pretenduës F v t i l i t e z, tout aussi bien que les pretenduës N v l l i t e z, mises en auant pour surprendre les moins
rusez, par I. Pujos, qui se dit Auteur de ces deux Libelles,
apres auoir pourtant auoüé expressément ce dont il estoit, &
deuoit seulement estre question, à sçauoir, L a f a v s s e t e'
des pretenduës Q v a d r a t v r e s d v C e r c l e, & D v-
plication dv Cvbe, dv Sievr de Lalev son
M a i s t r e, né sont en effet que ce que le mesme Pujos n'a
peû apperceuoir & penetrer, quoy que tres-facile & triuial,
pour auoir *l'esprit petit & tardif à bien comprendre*, comme il a re-
connu par escrit publiquement, il y a dix ans passez. Outre
qu'elles contiennent six ou sept signalées F a v s s e t e z, cot-
tées par le menu en la page suiuante, refutées en ce Liuret, auquel par mesme moyen pour

TROISIEME REFVTATION

De la fausse Quadrature du Cercle du S i e v r d e L a l e v, si souuent
agitée depuis vingt-quatre ans, il est demonstré que L e Q v a r r e' des
huiĉt neufniémes du diametre d'vn cercle est plus grand que la figure de XXIV
costez circonscrite au mesme cercle. Et d'abondant, que le quarré de la ligne (que
I. Pujos declare estre celle dont les lignes 7, 8, 9 & 10 de la page 9. du liuret intitulé, *Quadrature du Cercle & Double du Cube, inuentée & trouuée par*
P. Vinon, &c. Imprimé à la Rochelle en l'an 1619. doiuent estre entenduës)
est plus grand que la figure de XXXII costez, circonscrite au cercle.

A PARIS.

M . DC. XXXXIII

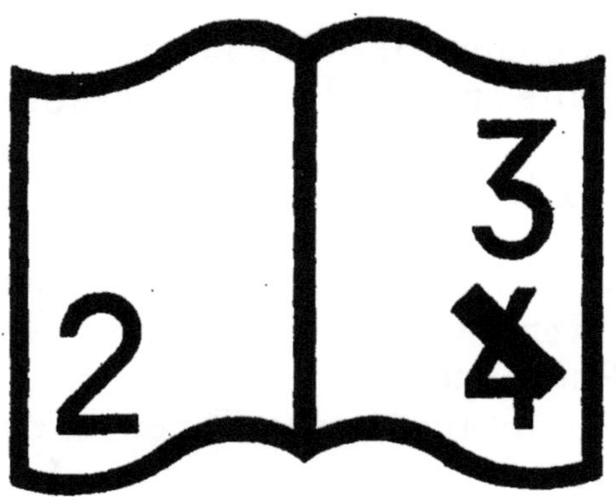

Pagination incorrecte — date incorrecte
NF Z 43-120-12

Les pp 9-10 ont sauté dans la numérotation,
la p.11 est numérotée 20 par erreur.

qu'il y auoit vn extréme defordre & confufion, fans apperceuoir, que ce reproche tomboit fur luy : puifque ce liuret ne contient autre chofe que dès refponfes à fes obiections, qui ont efté fuiuies pied à pied, *& fans y rien omettre; c'eft à dire, fans en laiffer aucune en arriere*, non pas que l'on y ait employé tout le trauail & tout le foin imaginable, le fujet ne le meritant pas. Ces refponfes font fort courtes, & quafi par ouy & par non. Que fi au gouft de I. Puios elles ne font pas affez bonnes, & s'il s'y rencontre de la confufion, d'où peut elle prouenir d'autre part que des obiections mefmes ? s'il y a du defordre à qui en eft la faute ? finon à celuy qui les a faittes. Peut-eftre que ce defordre qui luy paroift fi extraordinaire, prouient de ce que il a humé l'efprit des affiches, qui ont paru au commencement de l'année 1642. & dont il a coufu vn loppin en la page 5. de fon difcours, qui femble l'auoir mis hors de game, iufques à taxer les enfans de Paris, & dire d'eux ce que les fujets de l'Empire de Conftantinople les plus efloignez & groffiers, comme font ceux de fon païs au refpect de la ville de Paris, difoient de la capitale ville de l'Empire d'Orient, fans prendre garde à la qualité des perfonnes, fur lefquelles ce vaudeuille rejailliff, qui tiennent les premieres dignitez, & fe peuuent dire les intelligences, qui fous le plus grand redouté & renommé Monarque, & fous le plus heureux qui ayent iamais efté, ont conduit & conduifent la Monarchie Françoife.

Il a mis fur le tapis vne perfonne qui ne fait pas grand conte de la connoiffance de la Geometrie, fi on le cognoift bien ; & qui ne penfe pas qu'elle adioufte ou diminuë rien de l'eftime de perfonne quelle qu'elle foit ; tant s'en faut que l'on en doiue ou puiffe iamais faire monftre, ou qu'il tournaft à blafme que l'on ne luy en attribue qu'vne cognoiffance imparfaicte, ou que l'on croye qu'il n'y connoift rien du tout. L'on peut affeurer qu'il feroit bien loing de faire parade des deux liurets de l'an 1630. & 1638, qui n'ont efté cottez par les dattes des années, que parce que les titres eftants affez femblables, il y auoit plus de facilité & moins de confufion à les alleguer de cefte façon. Comme I. Puios l'a experimenté luy-mefme en la page 10. & en d'autres lieux. Tant s'en faut qu'il vouluft eftre de la bande de ces vrays Geometres, à qui I. Puios a dedié fon dernier ouurage Ce font ceux dont M. de Laleu en la page 135. du premier liure de I. Puios dit, *qu'entr'autres perfections ils fe iactent d'auoir vne verité tellement receuë de tous les hommes, qu'aucun n'oferoit entreprendre de les choquer, & vont auec effronterie fe ventants, & difants, que Dieu ne fçauroit luy-mifme, non plus que les Anges, contredire ce qu'ils demonftrent eftre tel.* Ce font à qui la menaffe qui fuit immediatement s'addreffe premierement & principalement.

Que fi quelq'vn veut contredire ce que ie maintiens, ie le prie d'y penfer plus d'vne fois. Mais s'il luy aduient, il luy faudra rougir honteux en defcouurant fa turpitude.

L'on remarquera que ces dernieres lignes conceuës en la maniere la plus capable de donner de la terreur & de l'efpouuante que M. de Laleu a peu exprimer, contiennent vne menace à ceux qui ont depuis l'an 1630. contredit M. de Laleu, laquelle a efté mife en effect par I. Puios, en publiãt le libelle intitulé *Nullitez*, & celuy qui eft intitulé *Futilitez* dont il f'agift. Et affin que l'on fceuft que c'eftoit tout de bon, M. de Laleu a voulu fouffrir luy-mefme l'effect de cefte menace, pour s'eftre luy-mefme cõtredit fur le fuiet de la 47. du 1. liure des Elemens d'Euclide, & fur le fujet du coſté du quarré pretendu egal au cercle. Car I. Puios *a reuelé tout haut ſa turpitude,* lorſqu'il a dit hautement page 97. du liure intitulé *propoſitions Mathematicques, que les quatre lignes dont la plus grande & plus petite ſont en raiſon double, maintenues proportionnelles en proportion continue par M. de Laleu ne les ont pas,* & quand il a dit page 29. du libelle des *Pretendues Futilitez,* que le meſme S. de Laleu mettoit en auant deux lignes qu'il vouloit eſtre les coſtez d'vn quarré egal à vn Cercle, dont l'vne neantmoins eſtoit plus petite que l'autre. D'où l'on peut prédre ſujet de faire vne petite reflexiõ ſur ce qui eſt dit és verſets 3. & 7. du 3. & 11. chapitre du liure de la Geneſe, & des 41. & 46. verſets du xxv. chapitre de ſainĉt Matthieu, que M. de Laleu appelle *menaces & Ironies,* dont la premiere a ſon effeĉt tous les iours, ſur les deſcendants d'Adam, & la ſeconde n'a pas laiſſé de continuer iuſques à preſent, & former là deſſus ceſte penſée. M. de Laleu, a menacé ceux qui le contrediront, d'vn mauuais traitement, iuſques à les contraindre de rougir. M. de Laleu s'eſt contredit luy-meſme. Quelques autres perſonnes ont contredit ce qu'il maintenoit. Iacques Puios a eu la commiſſion d'effeĉtuer la menace que M. de Laleu a fulminée contre ceux qui le contrediroient. I. Puios n'a pas pardonné à M. de Laleu luy-meſme, il s'eſt mis en deuoir de mal traitter ceſte autre perſonne, il luy a dit des gros mots que voicy. *Monſtrueuſe obſtination, Monſtres, Raiſonnement ridicule, defeĉtueux, & extrauagant, Inepte eſclairciſſement, Conſequence tout a fait impertinente, tres-abſurde, & treſ-ridicule, galimathias, Reſponſe fort foible, imaginations creuſes, Contemplations ridicules, excuſe tres-deſauantageuſe, fauſſetez.* Donc les menaſſes de M. de Laleu ne ſont pas des ironies, & eſpouuentail de petits enfans. A' plus forte raiſon l'execution de ce qui eſt dit au 41 & 46 verſets du xxv. chapitre de ſainĉt Matthieu, ſera plus reele & veritable que M de Laleu ne le veut faire croire, & nous doit donner plus de crainte, qu'il ne ſemble en auoir. Pour raiſon de ce il y a ſubieĉt de penſer que ceſte *loy de l'Eſprit,* dont il parle ouuertement en la lettre du 15. Auril, dattée de S. Denys en France, & plus obſcurement, en la lettre du dernier Auril 1622. que quelqu'vn conieĉturoit en l'annee 1630. eſtre l'affaire des cinq groſſes fermes, pour ce que ſuiuant le bruit de ville d'alors, c'eſtoit le ſuiet de ſa venue à Paris, eſt tellement eſloignee des ſainĉtes Eſcritures, qu'il les faut entendre tout au rebours du ſens, qu'elles ont, & auquel on les a entendues iuſques a preſent. Ceſte loy dont il ſemble ſe rendre le precurſeur diminuë les articles du Credo du Bourg de Rackou, embraſſe la *creance Moſaique,* l'Iſlamiſme, les ſeĉtes de Confutius, de Toticu, de Lauzu, de Guitaa, de Ramah, Yupangui, & de Iſcoalt, accorde tous les differents par vne autre voye que Guillaume Poſtel, metamorphoſé en vn Elias Pandochæus, & qui en eſt bien eſloignée. L'on ſe trouuera encore plus reſolu à prendre ce party, quand l'on verra que I. Puios, à qui M. de Laleu s'eſt manifeſté, & fait voir dans ſon ſiege *au Tableau du temple figuré ſecret de la paix,* auec ſa veritable Geometrie, dont le ſecret ſemble d'eſtre aueugle, n'a peu entendre vn mot, ny comprendre vne demonſtration ſuffiſamment eſtendüe, & qu'il a auancé entr'autres choſes les trois axiomes qui ſuiuent, dont il ſe ſert comme d'vn couſteau de tripiere, pour trencher des deux coſtez; c'eſt à dire, pour faire accroire à ceux qui n'entendent pas les matieres, qu'il a entierement deſtruit ce qui a eſté imprimé, pour refuter la fauſſe duplication du Cube, & les fauſſes quadratures du Cercle de M. de Laleu, & à ceux qui en ont l'intelligence & en peuuent iuger, & qui d'autre coſté cognoiſſent bien l'erreur, que ce n'a eſté, que pour r'abbattre le caquet d'vne perſonne qui l'auoit attaqué: & que ſans approuuer ce que M. de Laleu a mis en auant, qu'il recognoiſt faux, il a fait voir és libelles imprimez ſous les titres de Pretendues Nullitez & Futilitez, les beueues pretendues és liurets imprimez contre ledit S. de Laleu.

Voicy les trois axiomes.

I. Qu'vne propoſition qui n'a point de demonſtration eſt fauſſe.

II. Qu'vne propoſition en la demonſtration de laquelle il y a quelque omiſſion, tant legere qu'elle puiſſe eſtre eſt fauſſement demonſtrée.

III. Qu'vne propoſition fondée ſur vne autre propoſition vraie, quand meſme I. Puios l'auroit luy-meſme demonſtrée, en la demonſtration de laquelle il y a eu de l'erreur ou de l'omiſſion, eſt fauſſe ou fauſſement deduicte.

Ces axiomes ſe peuuent recognoiſtre tout a fait contre la raiſon, puiſque M. de Laleu n'a iamais fait eſtat de bailler aucune demonſtration des propoſitions qu'il a auancées en diuerſes rencontres, leſquelles auroient eſté fauſſes iuſques en l'année 1638. que I Puios en a fait imprimer la demonſtration.

II. Qu'Euclide, Archimede, Apollonius, & Ptolomee; ſeroient en mauuais eſtat, puiſque Eutocius, Pappus, Theon, Cabaſilla, Commandin ont en la plus grande part des propoſitions adiouſté par maniere de commentaires, la demonſtration de ce qu'ils ont laiſſé en arriere, ou comme aiſé, ou pour accourcir leur diſcours, ou comme fort cõmun de leur temps. Si ces derniers axiomes auoient lieu, ces auteurs tres-renommez ſeroient tombez en vne quantité prodigieuſe de fauſſetez. Ce qui ne leur a point encores eſté imputé par perſonne, bien que l'on ne ſoit pas tenu d'aduoüer ſans demonſtration vne propoſition concernant les Mathematiques, & que l'on ne la puiſſe non plus rebuter comme fauſſe, ſans preuue. Iacques Puios n'a pas donné vne plus grande preuue de ſa ſuffiſance, en eſtallant ces axiomes, qui font voir qu'il n'a iamais ſceu ce que c'eſt qu'vne demonſtration, ou vne propoſition vraye ou fauſſe: Et ce que c'eſt qu'vne propoſition demonſtree, ou vne demonſtration, lors qu'il a penſé auoir donné plus de lumiere à ce qu'il a eſcrit en ſon pretendu libelle des Futilitez, pour l'auoir diſtingué en quatre articles, au lieu qu'en la preface de ſes pretendües Nullitez, il l'auoit diuiſé en deux poincts. A ſon exemple en la Refutation de ſes pretendües Nullitez, on auoit reduit à cinq chefs ce qui deuoit y eſtre traitté, & fait mettre des titres aux trois principales parties. L'on y auoit fait la diſtinction des matieres particulieres par articles ſeparez, dont les premiers mots eſtoient en lettres capitales du corps des characteres, dont l'impreſſion ſe faiſoit ou en lettre Italique plus groſſe, fermée de parentheſes. Il ſembleroit à l'oüir parler, qu'vne quantité d'obiections contre quelques parcelles d'vn ouurage compoſé de diuerſes propoſitions de Geometrie, & ſur diuers ſuiets, tirez deçà & delà, telles que ſont les *pretendües Nullitez*, & les reſponſes, touchant des matieres pointilleuſes & delicates ſont auſſi aiſées, & plaiſantes, qu'il le voudroit faire croire. Il ſembleroit que l'obſcurité & dégouſt ne prouient pas

tant

tant de la qualité du fujet, que de la façon dont il eft traitté, qui eft fort fimple,
& autant reglée qu'elle le pouuoit eftre. Il fe trouuera en fin que I Puios euft
bien fait de ne parler ny en bien ny en mal de M. de Laleu, ny de fes propofitions, ny de ce qui en auoit efté efcrit pour les refuter, parce que moins de perfonnes en euffent ouy parler, & cogneu les erreurs & fauffetez. Il euft eu moins
de fujet de recognoiftre palpablement combien il a dit vray, quand il a autresfois efcrit, *qu'il auoit l'efprit petit & tardif à bien comprendre.* Il ne fe fuft pas fait le
preiudice, que de ne pouuoir plus deformais, non plus que ceux dont il a mis
les plumes au vent, à eftre du nombre de ces vrais Geometres, qui n'ont iamais
failly, capables d'eftre choifis pour experts par les parties, *ou nommez d'office, ou*
par Lettres patentes aux rencontres où il fera queftion de vuider des differents de
cefte profeffion, car il verra que ce qu'il affeuré faux y eft fort veritable.

  Il pourra apperceuoir s'il en eft capable, au moins il donnera a cognoiftre à
vn chacun *fon opiniaftrité* qui fe peut dire *monftrueufe*, pour le feruir auec raifon
de fes propres compliments ligne 10. de fa preface, rapportez vn peu auparauant, en ce qu'il a repris la plume pour fouftenir veritable ce qui eft indubita-
blement faux, ou pour impugner de faux, ce qui eft tres fort veritable. Ou il
s'eft tellement laiffé emporter à la paffion qu'il s'eft ietté dans l'extremité de
condamner, trahir ou abandonner la caufe de M. de Laleu fon maiftre. Ce qui
fera iuger pareillement que ledict S. de Laleu a mal employé fon argent és frais
de l'impreffion des ouurages de I. Pujos fon difciple, qui le deffend fi mal, &
l'abandonne en le condamnant fi hautement. Qu'il a mal rencontré en l'inftru-
ction de ce difciple, qui le paye d'vne mefcognoiffance fi grande, qu'elle va
iufques a ruiner & renuerfer fes intentions. Que M. de Laleu n'a pas bien con-
duict fes deffeins, d'auoir rompu les conferences, efquelles on eftoit entré auec
luy à la Rochelle en l'année 1621. fur le faict de fa pretenduë quadrature du
cercle, par la denegation de la 47. du 1. des Elements d'Euclide, pour apres
en l'année 1638. remettre fur le tapis au liure de I. Pujos la mefme quadrature, en vne façon qui ne pouuoit eftre vraye, que la mefme 47. du 1. liure d'Euclide ne fut vraye. D'auoir referué en ces mefmes conferences de faire à Paris
la demonftration de cefte pretenduë quadrature du Cercle, affin de fe defgaiger
d'vn mauuais pas, où il fe voyoit preffé, par celuy à qui il auoit affaire: & au
lieu de cefte demonftration promife fi folemnellement d'auoir employé I. Pujos, pour faire mine de refpondre aux refutations publiées contre fa fauffe duplication du Cube, & fauffe quadrature du cercle. Pour ce que pour toutes
refutations il n'a auancé que des pretendues *Nullitez* & pretendues F V T I L I-
TEZ, c'eft à dire eftallé feulement ce qui eftoit au delà de fa portée, & qu'il a
creu ou voulu faire croire faux, pource qu'il ne l'entendoit pas, & qui ne nui-
foit en rien à ce qui regardoit le faict du S. de Laleu. Quoy que pour continuer comme il auoit commencé en fon liure *In folio,* ou il a declaré la fauffeté de la pretendue duplication du cube du S. de Laleu & tout ce qui auoit efté
aduancé par luy par diuerfes fois pour la iuftifier vraye, il ait aduoué fran-
chemént au libelle des pretendues FVTILITEZ, la fauffeté de fa preten,
duë quadrature du cercle. Ce qui eft d'autant plus remarquable, qu'il

auoit cy-deuant faict vn grand tintamarre pour donner aux plus simples l'impression & la creance qu'en effect il tenoit la pretendue duplication du Cube du S. de Laleu pour veritable par vne lettre imprimée, en datte du premier Mars 1633. Qui voudra, pourra faire à son loisir reflexion sur la diuersité de ces ruses, & tours de passe-passe. Rien ne l'obligeoit à découurir *la turpitude de son Maistre.* Eust-il pas mieux fait s'il se fust contenté de ne dire mot, comme la chose bien considerée sembloit le requerir, afin que M. de la Leu eust le contentement de voir le temps auquel toutes *les contradictions cesseront,* qui n'arriuera pas tant que de sa part? Il réueillera le chat qui dort, & émouuera noise, où les siens (comme I. Puios) ne l'espargneront pas. Il y a sujet de croire que M. de la Leu n'est pas bien informé de tout ce que I. Puios a escrit, qui a l'asseurance de le joüer, sans songer si c'est à ses despens; & à quelque éuenement que se puisse estre. Tout le monde le jugera auoir mal rencontré vn *disciple* pour en faire vn *commu,* parce qu'il a mal appris sa leçon, en *Aduocat,* pour voir sa cause abandonnée par celuy qui s'en est rendu *Iuge* pour la condamner, sans se soucier s'il le pouuoit honnestement faire, comme *disciple,* comme *Commissionaire,* & comme ayant fait mine d'*Aduocat.*

REFVTATION
D'VN LIBELLE IMPRIMÉ A ROVEN
fous le titre de FVTILITEZ des raifonnemens, &c.

SI fuiuant la maxime mife en auant en la premiere page du libelle des *Pretendues Futilitez*, le defaut d'intelligence eftoit abfolument la caufe du defordre, I. Pujos ne pourroit qu'il n'aduoüaft vn defordre extreme en fes deux libelles des pretendues *Nullitez* & *Futilitez*, manque d'auoir entendu ce que c'eft qu'vne demonftration, qu'vne propofition vraye ou fauffe, ou fauffement demonftrée, comme il a paru aux trois axiomes rapportez vn peu auparauant en la Preface; ce que c'eft que des angles de diuerfe ou de mefme efpece, ce que c'eft que paralogifme, ce que c'eft que logiftique fpecieufe, qu'il fait paffer pour analyfe, & dont il a monftré ne fçauoir encor la pratique : ce que c'eft que proportion ou raifon, & ce que c'eft qu'interualle parmy les bons autheurs. L'ignorance de toutes ces chofes, n'empefche pas, qu'il n'ait l'opinion d'auoir bien arrangé fon faict, en ce qu'il l'a diuifé en quatre articles. S'il le veut ainfi, il ne fera pas dedit : Et pour fuiure le mefme ordre qu'il a tenu en fes pretendues Futilitez, l'on diuifera ce qui fe doit traiter en quatre parties, defquelles celles qu'il conuiendra à caufe de la multiplicité des matieres feront fubdiuifées en Chapitres, & les Chapitres en Articles, quoy que l'on n'ait rien gagné en la refutation des pretendues *Nullitez*, pour auoir fuiuy le mefme ordre qu'il auoit tenu, & que de plus l'on y ait fait mettre des titres, & vfé de diftinctions, encores plus fenfibles que les fiennes, comme il a defia efté remarqué.

PREMIERE PARTIE,

Seruant de Refutation au premier Article des Pretendues Futilitez.

CHAPITRE PREMIER,

Qui contient vne briefue refutation des objections nouuellement faites, & des refponfes de I. Pujos, contre la refutation des Nullitez, par luy pretendues en la demonftration abbregée, & addition à la mefme demonftration de la propofition mife en auant par M. de Laleu, fur la fin de la Conference du 16 Aouſt 1630, qui ſe trouuent és pages 6 & 32 du liuret imprimé en la meſme année, (2) Où l'on iuſtifie que ceſte propoſition eſt tirée de Villapandus, (3) Et par occaſion l'on eſclairciſt qu'elle eſt la demonſtration tranſcrite par I. Pujos, ſans faire aucun ſemblant d'en auoir eu communication,

IAcqves Pvjos a penſé auoir trouué vn grand moyen de contenter Monſieur de Laleu en la Commiſſion qu'il luy a donné d'eſcrire contre ceux qui contrediſent ſa fauſſe duplication du Cube, & ſes fauſſes quadratures du Cercle, aux heures que ſon loiſir luy donnoit à la Doüane, & leuée des droiɛts de la nouuelle ſubuention ou du ſol pour liure, & ſingulierement de l'eſcu pour tonneau à Roüen, en l'attachant à vne demonſtration compoſée de diuerſes preuues accumulées enſemble, quoy que fort ſommaire de la propoſition auancée par M. de Laleu, ſur la fin de la conference du 16 Aouſt 1630, & addition à la meſme demonſtration, qui ſe trouuent és pages 6 & 32 du liuret imprimé en la meſme année ſous le tiltre le plus doux qu'on peut choiſir, alors *d'examen de la duplication du Cube & quadrature du Cercle, &c.*

Il a creu auec quelques vns de ſa cognoiſſance y auoir deſcouuert vn ſignalé paralogiſme, qui ne ſe trouue neantmoins eſtably ſur autre choſe, ſinon ſur ce que l'on n'a pas entendu la ſignification de ces mots, *Angles de meſme ou de diuerſe eſpece*, & ne ſe peut rejetter en tournant de tous les biais, que ſur vne faute d'impreſſion, ou tout au pis aller ſur vne obmiſſion, ou retranchement de partie de la demonſtration d'vne propoſition dont l'on n'auoit aucun beſoin, & qui ne ſeruoit en façon quelconque à ce dont il ſ'agiſſoit. Retranchement qui a eſté fait manque de place, que l'on euſt bien voulu ſuppleer en faiſant l'impreſſion d'vn plus petit charaɛtere, ſi l'Imprimeur euſt eſté fourny de charaɛteres Grecs de meſme corps. Cette obmiſſion pourtant n'eſt pas vne *aſſyllogiſtie*, comme il a dit page 5, lignes 30 & 31, ou *impoſſibilité de preuue*, puis que l'egalité des arcs Zo, n'a eſté prouuée directement, qui auoit eſté ſuppoſée & paſſée ſans demonſtration, pour épargner de la place : tant ſ'en faut qu'elle approche de celle qui a eſté objectée à M. de Laleu, auquel il n'en a iamais eſté objecté, pour auoir ſuiuant ſa couſtume mis en auant tout ſimplement vne propoſition ſans demonſtration, mais bien quand il a ſuppoſé ce qu'il deuoit prouuer, ou quand de ce qu'il a auancé, & ſuppoſoit vray ou demonſtré en effeɛt, il ſ'en enſuiuoit tout le contraire de ce qu'il pretendoit demonſtrer. I. Pujos ſe pourra ſouuenir, ſ'il veut, qu'en l'année 1634 au mois de Iuin, on luy monſtra la meſme demonſtration, qu'il a fait imprimer, en la ſeconde propoſition du liure intitulé *Propoſitions Mathematiques de Monſieur de Laleu &c.* publiée en l'an 1638, auec celle de la propoſition qui ſuit, dont il prit copie. il le déniera comme l'on croit à platte couſture, & en fera auſſi peu de difficulté qu'il a fait page 16 ligne 29, d'auoir receu vn exemplaire du liuret de l'an 1638, où les

cartons refaits auoient esté mis en leurs places, par le moyen d'vn honneste Libraire de la ruë sainct Iacques, qui l'a assisté en l'achapt du papier,
& en la conduite de l'impression du liure des *Propositions Mathematiques de
Monsieur de La'eu*. Il est bien vray, comme l'on a verifié depuis peu, qu'il
ne le luy a pas addressé directement, mais qu'il l'a baillé à vne personne
qui le porta à sainct Denys, d'où on le luy a addressé à Lion. Ce qui est si
vray qu'il n en a point eu d'autre que par cette voye.

VOYEZ LA PREMIERE FIGVRE.

Soit le Cercle EDK, *& la ligne* ABC, *en laquelle l'on ait pris les poincts* B, *&* C,
desquels soient tirées les lignes BE, BK, DC, *qui touchent l cercle de part & d'autre; &*
soient tirées l slignes EK, DL, *qui ioignent les poincts d'attouchement* E, K: D, L: *& qui*
se couppent au poinct G. *Soit entendue la ligne* FB, *estre celle qui tombe du centre* F, *à*
angles droicts sur la ligne AB, *& qui la couppe au poinct* B. *De ce mesme poincts soient*
entendues les lignes BE, BK, *toucher le cercle* EDK, *es poincts* E *&* K, *& soit aussi la ligne*
EK *entendue ioindre les poincts d'attouchement* B *&* K, *qui sera couppée par la ligne* FB
au poinct G: *qui sera le mesme où la ligne* DL *couppe la ligne* EK.

L'on donna alors à entendre à I. Pujos, que l'on s'estoit astraint à deux
choses, qui ne laissoient pas d'auoir quelque difficulté, & peut estre
plus grande qu'elle ne paroist pas. La premiere estoit de se seruir de la
VII du VI, pour demonstrer la proposition dont il s'agist, parce qu'en la
mesme conference de plein abbord d'vn commun aduis, vne personne
de qualité & de sçauoir releué commença la recherche de ceste demonstration par ceste mesme proposition. sans ceste occurrence, on ne se fust
seruy, ny pres ny loin de la VII du VI, la demonstration de ce dont il
s'agissoit estant beaucoup plus facile & naturelle sans icelle. La seconde
estoit de se garder d'entrer en concurrence auec la mesme personne, &
pour cet effet d'euiter tout à fait la demonstration qui se trouue au folio
7 de la Refutation du liuret enuoyé de Lion, pour oster à M. de Laleu
tout sujet de prise, encores que cela ait esté inutile, comme il paroist par
la lettre de M. Tallemant, du 15 May 1631. I. Pujos se deuoit bien garder
de faire vn si grand bruit, pour vn sujet de si peu de consequence. Il ne
deuoit pas auoüer qu'il ait veu, ou il se deuoit bien garder de dénier,
qu'il ait trouué en la page 169 du III Tome des commentaires de Villapandus sur Ezechiel la proposition dont il s'agist, non pas celle publiée
depuis par M. de Laleu au placard du 18 Aoust 1630: Parce que la proposition cottée XXX s'y trouue couchée en ces termes.

Si in semicirculo ab alterutro terminorum diametri, duæ recta applicentur ad
circumferentiam, & ab eodem termino duo arcus describantur interuallo applicatarum,
secantes vicißim applicatas, recta connectens puncta sectionum erit ad diametrum
perpendicularis, & qua ex altero punctorum sectionis in diametrum demißa fuerit
perpendicularis, ea transibit per reliquum punctum. C'est à dire en langue
Françoise   (VOYEZ LA SECONDE FIGVRE.)

Si dans vn demy cercle ALF, *de l'vne des extremitez du diametre deux lignes* AF, AL
sont appliquées à la circonference, que de la mesme extremité A, *l'on descriue deux arcs*
de cercle de l'interualle des deux appliquées AL *&* AF, *qui couppét chacune des appliquées*

a ij

en D *&* L, *la droiƈe* ID, *qui ioint les poinƈs des feƈions fera perpendiculaire au diametre,*
& celle qui fera menée de l'vn des poinƈs des feƈions D, *ou* I, *perpendiculaire fur le*
diametre paffera par l'autre poinƈ.

Ou ce qui reuient à la mefme chofe au ftyle de M. de Laleu. *Si de l'vne*
extremité A *du diametre d'vn demy cercle, fçauoir* ALF *on tire fur iceluy deux lignes*
droiƈes, comme on voudra fçauoir AL, *&* AF, *en forte que l'inferieure foit prolongée*
s'il y efchet, iufques à ce que du terme de la fuperieure, on la puiffe circulairement
rencontrer, rebrouffant ainfi du terme de l'inferieure iufques à la fuperieure; c'eft à dire
defcriuant les arcs LD, IF, *qui couppent toutes les deux lignes* AL, AF, *il fe conftituera*
vn quadran, fçauoir LD, IF *compofé de deux lignes droiƈes egalles, fçauoir* LI, DF, *&*
deux courbes LⅡD, *&* IMF, *tirant la droiƈe diagonale* ID, *fur le diametre, elle y*
conftituera angle droiƈ.

D'où l'on peut iuger fi I. Pujos fe peut *garentir d'vne faute prouenant*
dexces de paffion, que par reffeƈ de foymefme, il ne nommera point impofture. quand il a
dit page 6, ligne 4, n'auoir trouué en Villapandus la propofition dont il
fagift, & s'il a eu raifon de trouuer fi mauuais que les lignes AL, AD,
AF, PE, ou AF, AI, & AK, AQ ayent efté fuppofées egales, pour induire
qu'elles font continuellement proportionnelles, puifque Villapandus l'a
bien voulu, & M. de Laleu auffi bien que luy, en la conference en queftion, bien qu'il l'ait renduë depuis plus vniuerfelle au placard du 18
Aouft 1630, qui n'a pourtant point efté entendu qu'apres l'impreffion du
liure intitulé *Propofitions Mathematiques &c.* auquel folio verfo de l'errata
le mot de *quadran* que l'on rapportoit au quart du cercle defcrit fur AF,
a efté expliqué, & appliqué à la figure miftiligne ZMⱭS.

Si M. de Laleu n'a iamais ouy parler de Villapandus, fes Commis n'ont
pas laiffé de le voir : Qui l'aura veu comme ils ont fait, encores qu'ils ne
luy en ayent rien dit, auoüera fans hefiter aucunement, que la derniere
propofition aduancée par M. de Laleu, à la fin de la conference du 18
Aouft 1630; enfemble fa maniere de doubler le Cube, eft tirée de Villapandus.

Pour donner l'intelligence du different que I. Pujos a émeu, pour
faire voir comme en fon pretendu libelle des pretendues Nullitez, il n'a
pas entendu ce dont il fagiffoit, & comme en en fon libelle des pretendues FVTILITEZ il a expres, ou par la difficulté qu'il a de bien comprendre, confondu & meflé ce que l'on auoit feparé & diftingué en deux
demonftrations, pour fe donner fujet de broüiller du papier : Il feroit
ce femble à propos de rapporter tout du long, ce qui fe trouue és pages
6 & 32 du liuret de l'an 1630, concernant la demonftration & addition ou
éclairciffement d'icelle, & tout ce qui fe trouue és pages 2, 3, 4, 5, au folio
6 recto, & verfo de la refutation du liuret enuoyé de Lion par I. Pujos,
auec ce qu'il a auancé par maniere de nouuelles objeƈions & les refponfes, n'eftoit que cela ne pourroit eftre qu'extremement ennuyeux &
de peu de fruiƈ, puifque I. Pujos demeure d'accord, que la propofition
en queftion y a efté en fin demonftrée, quoy qu'il veuille dire que ce foit
auec confufion, & des redites qui fe trouueröt pourtant tres-neceffaires,

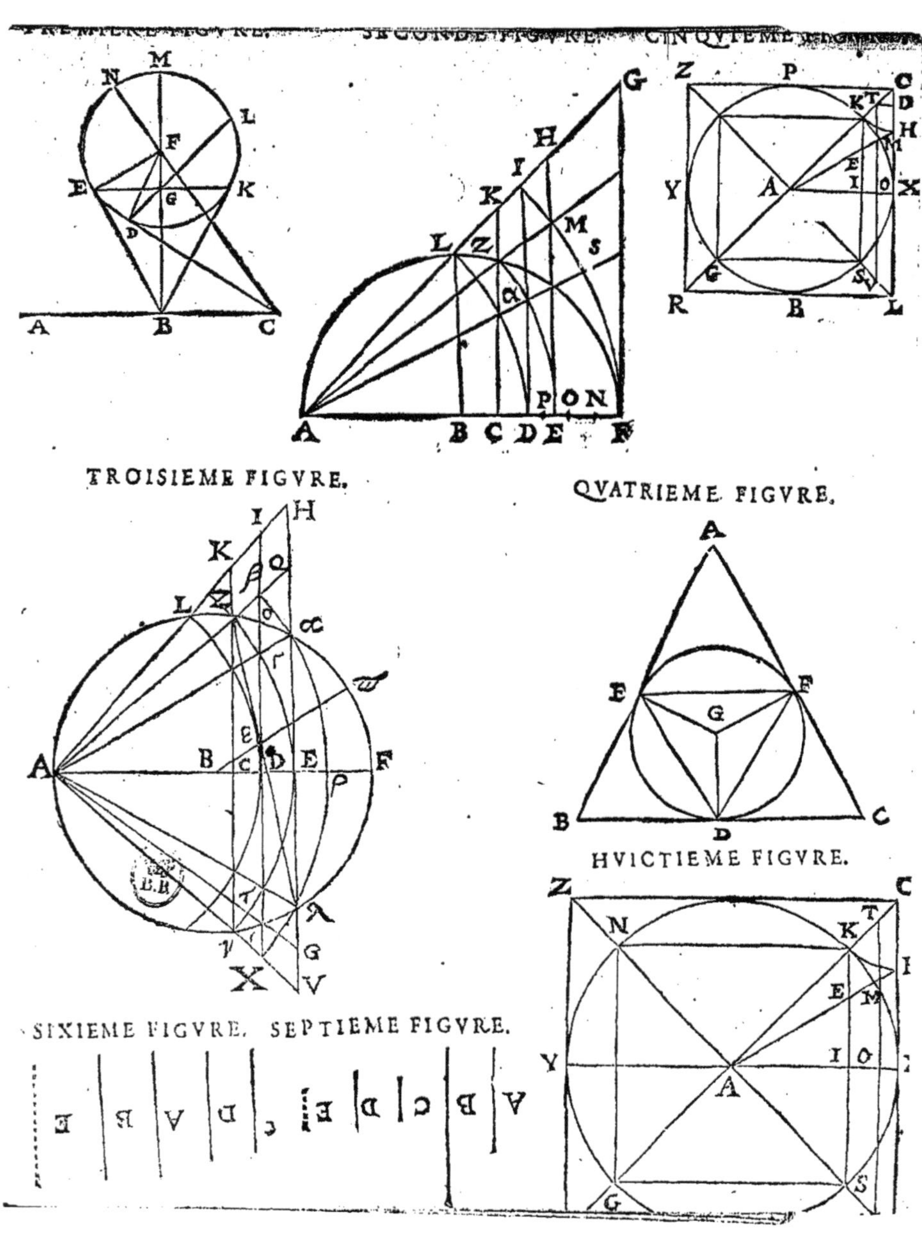
TROISIEME FIGVRE.
QVATRIEME FIGVRE.
HVICTIEME FIGVRE.
SIXIEME FIGVRE.   SEPTIEME FIGVRE.

quand elles seront considerées sans passion ny preoccupation. Si ce qu'il veut faire passer pour des redites y manquoit il feroit beau bruit, tant il a enuie de reprendre, qui le rend aueugle. Ainsi qu'il paroist lors que pour descrier la consequence qu'il a malicieusement tronquée page 3, lignes 41 & 42, page 8, ligne 10, & suiuantes, par laquelle on a induit *que les angles* ʃ AD, *&* TAD *ne peuuent estre de diuerse espece, à cause que les lignes* ZV *& αλ sont paralleles & perpendiculaires sur* AF, il la qualifie d'extrauagance (VOYEZ LA TROISIESME FIGVRE.) sans monstrer où est le defaut de la ratiocination se contentant d'en rendre ceste raison, *qu'il n'y a aucun rapport ny connuenance quelconque entre les angles* ʃDA, TDA, *& les droictes* αΕλ, *& ZCV.* A son compte Euclide est extrauagant en la 8 du 1, puis qu'en deux triangles, en consequence de l'egalité des deux costez, qui comprennent vn angle, Et du costé opposé à ce mesme angle, il argue, l'egalité des deux angles compris sous les costez egaux, & opposez aux costez egaux.

Tous ceux qui ont escrit de la Trigonometrie sont bien *extrauagans*, lors qu'ils enseignent la maniere de trouuer les trois angles d'vn triangle rectiligne, ou d'vn triangle spherique, quand les trois costez sont donnez. Pourroit-on rien repliquer? si l'axiome de I. Pujos en la page 9, ligne 14 de ses pretendues Futilitez n'estoit pas extrauagant, c'est à dire, *Si les angles n'ont aucun rapport ny connuenance auec les droictes, ou auec les costez des triangles.* Que si l'on insiste qu'il y a bon moyen de le prouuer, I. Pujos ou ses semblables, vous diront si vous pensez l'induire par quelque *consequence, elle est tres-absurde, tres-ridicule, & pleine d'extrauagance.* Auoit-il l'esprit rassis, quand il a laissé aller sa plume à ceste belle saillie, qui fera rire ceux qui la verront. Il s'imagine qu'on l'a argué d'auoir supposé que l'arc πF est moindre que l'arc ν. on n'y a point songé: L'on a seulement dit, qu'apres auoir demonstré, que les arcs Zo & ν sont egaux, comme il a esté fait és lignes 13, 14 iusques à la 27 de la page 4; il n'y auoit plus de lieu de dire, que l'arc πF est plus petit ou plus grand que l'arc ν.

Que si de ce qui auoit esté supposé, il s'ensuiuoit que l'arc πF estoit plus petit que l'arc ν, il s'ensuiuoit aussi de ce qui auoit esté supposé que necessairement les arcs oπ & πλι se peuuét oster de chacun des arcs ZF & Fν, que l'on ne peut dire que Zo & πF d'vne part, & l'exces de ν sur l'arc Fπ d'autre part soiét ce qui reste apres les auoir soustrait de chacun des arcs ZF & Fν, il ne faut qu'ouurir les yeux pour cela : Car si à l'inspection de la figure l'vne des deux soustractions ne paroist pas possible de chacun des arcs dessusdits, les restes apparens à la veüe ne peuuent estre valablement reputez les restes de l'vne ou l'autre, ou de toutes les deux soustractions. Ceste raison satisfist toutes les deux personnes dont il est parlé folio 6 verso, lignes 13 & 14, & leur osta la pensée du paralogisme qu'il leur sembloit auoir descouuert, qui est celuy qui est objecté par I. Pujos. Pas vn des deux n'a esté surpris : Le Lithuanien depuis en plus de deux rencontres a tesmoigné par personnes de sa nation toute autre chose, & particulierement qu'il n'estoit pas encores resolu sur vne difficulté, qui nasquit lors de la conference entre luy & vne tierce personne, qui estoit presente,

qui eſt de ſçauoir quand la façon d'argumenter *exdiagrammate* dont aucun
ne doute en la VII du I d'Euclide eſt ſuffiſante, ou quand elle ne l'eſt pas,
comme en la demonſtration de la IV du meſme liure, employée par
Rhodius & Dibuadius, & par eux auoüée, du ſentiment deſquels il ne ſe
monſtroir éloigné, qui eſt rebutée par d'autres. Le François n'a pas inſiſté
depuis ſur le pretendu paralogiſme, & ne ſ'eſt arreſté que ſur ce qu'en
effet il n'auoit pas eſté demonſtré que les arcs Zo, & ⲛ fuſſent egaux : Ce
qui luy fut accordé pour lors, & ſurquoy on l'euſt contenté ſi le lieu & le
temps l'euſt permis, & n'euſt non plus eſté dénié à I. Pujos, ſi d'abord il ſe
fuſt arreſté là deſſus : auquel cas on luy euſt ſatisfaict, & où il n'euſt en
l'année 1641 trouué à redire, ſans les incommoditez de l'impreſſion, dont
il a eſté parlé. Ce que I. Pujos pouuoit ſouhaitter luy a eſté fourny en la
page 4, lignes 13 & 14 iuſques à la 27, où il n'a pas voulu apperceuoir
que c'eſtoit la preuue de ce qui auoit eſté dit, que les arcs Zⲛ & ⲛ ſont
égaux. C'eſt pourquoy il le dénie auec auſſi peu de ſincerité, qu'il aſſeure
reſolument page 4, ligne 8, qu'il a eſté ſuppoſé que l'angle ſDA eſt droiɕt,
& tout auſſi mal à propos page 10, ligne 13, qu'il a eſté ſouſtenu que la
propoſition dont eſt queſtion ne ſert de fondement à M. de Laleu, pour
ſa duplication du Cube, pour auoir dit que M. de Laleu n'en a tiré
aucune induction, ny rapporté aucune preuue, & d'où l'on auoit pris nommément ſuiet de paſſer legerement deſſus, comme il auoit par impoſture
en la preface des pretendues *Nullitez*, taſché de faire croire, que la refutation de la fauſſe duplication du Cube de M. de Laleu eſtoit abſolument
fondée ſur ceſte propoſition, ou ſur la demonſtration, pour faire croire
aux plus ſimples qu'il auoit refuté ce qui auoit eſté eſcrit contre Monſieur de Laleu ſur ce ſujet.

Il a bien broüillé du papier pour parer à l'objection qu'on luy auoit
fait de n'auoir rien entendu en ceſte demonſtration qu'il a tant tour-
mentée. Tout ce qui ſ'en peut iuger eſt, qu'il n'a de propos deliberé
voulu diſtinguer les deux demonſtrations eſquelles on auoit ſeparé ce
qui ſe trouuoit és pages 6 & 32 du liuret de l'an 1630, & faute de place
auoit eſté obmis, ny compris ce dont il ſ'agiſſoit à ſon ordinaire, quand
il ſ'eſt amuſé és pages 4, 5, 7 & 8, à meſler ce qui a eſté diſtingué en chacune
de ces deux demonſtrations, pour trouuer ſon compte, en meſlant les
cartes.

Ce perſonnage de ſçauoir & de condition Officier en vne Cour ſou-
ueraine, qu'il peut bien cognoiſtre, n'auoit point objecté ce qui a eſté
allegué depuis par I. Pujos, comme vne fauſſeté auerée. En fin l'on a creu
qu'il eſtoit neceſſaire de prouuer par la 7 du 6, que les triangles ſDA, ⲧDA
eſtoient ſemblables, en ſuite de ce qui ſ'eſtoit paſſé en la conference du
16 Aouſt 1630. c'eſt pourquoy il a falu demonſtrer.

1. Que les angles Aſⲧ, Aⲧſ eſtoient egaux. Ce qui eſtoit ſans aucun
doubte, 2. Que les coſtez ſA, AD, ⲧA, AD, alentour des angles ſAD, ⲧAD
proportiouuels. 3. Que les angles ADſ, ADⲧ eſtoient de meſme eſpece,
c'eſt à dire ou plus grands chacun, ou plus petits qu'vn droiɕt. Ce qui a

esté faict en la seconde demonstration. Ou bien il falloit monstrer (1.) Que
les angles ʃAD, ⟘AD estoient de mesme espece, c'est à dire que chacun
d'eux plus petit ou plus grand qu'vn droict. Ce que l'on n'a pas entendu
conclurre, parce que *l'angle ʃA⟘ estoit obtus* ; mais pource qu'en l'hypothese
de M. de Laleu, il ne pouuoit estre obtus, parce que la ligne ZC, ne se
trouuoit au delà du centre vers A, & que tout au pis aller ne pouuant
estre qu'obtus, chacun des angles ʃAD, ⟘AD qui le composent, ne laissent
pas d'estre aigu pour autre raison, dont la preuue estoit tres-aisée, comme il a esté fait. L'angle ʃA⟘ n'estant point obtus, c'est à dire s'il estoit
aigu ou droict, chacun des angles ʃAD, & ⟘AD estoit plus petit qu'vn
angle plus petit qu'vn droict, ou plus petit qu'vn angle droict, c'est à dire
aigu. Partant la grandeur de l'angle ʃA⟘ contribuoit en l'hypothese de
M. de Laleu tout ce qui estoit necessaire à ce que les angles ʃAD, ⟘AD
fussent de mesme espece contre la pensée de I. Pujos page 7, ligne 5 & 6.
(2.) Il falloit aussi monstrer que les costez Aʃ, ʃD, & AD, ⟘D estoient proportionnels allentour des angles AʃD, A⟘D. (3.) Que les angles ADʃ,
AD⟘ estoient egaux, comme il a esté fait en la premiere demonstration.
Que si on ne l'a pas entierement faict en la page 32 du liuret de l'an 1630,
ou comme on la pouuoit entierement & plus facilement, ce n'a esté que
pour n'entamer rien de la demonstration, que l'on laissoit entiere à vne
personne de sçauoir & de condition, qui escriuoit au mesme temps, comme il a esté dit desia plusieurs fois. Que si en monstrant comme il a esté
faict en la premiere demonstration, que ʃD & ⟘D sont égales, il s'ensuiuoit
par la 3 du 3, que AD est perpendiculaire sur ʃD, qui estoit tout ce qu'on
cherchoit, ou en demonstrant que les angles ADʃ, AD⟘ sur vne mesme
ligne d'vn mesme costé, & à costé d'vne mesme ligne, estoient de mesme
espece, c'est à dire que l'vn n'estoit pas plus grand, & l'autre plus petit
qu'vn droict, comme en la seconde demonstration, qui estoit aussi tout
ce que l'on demandoit. Il ne s'ensuit pas qu'il ait esté necessaire de supposer, ou que l'on ait supposé en effet, que les angles ʃAD, ⟘AD fussent
egaux, ou la ligne AD perpendiculaire sur AD, comme I. Pujos voudroit
le faire croire, pour se former vne chimere, & pour arguer d'erreur vne
demonstration qui estoit bonne & valable, afin de couurir sa beuëe, que
l'on pourroit parer de tous les beaux epithetes de son crû, estallez en la
preface. Il suffit pourtant que l'on voye que I. Pujos n'est pas intelligent,
comme il le pense estre en fait de demonstration, ny de logique, ainsi
qu'il se peut iuger par l'eschantillon employé en la preface, ou en ce qu'il
a repris & continué de reprendre auec vn degoust nompareil en la demonstration des deux lemmes, qui sont és pages 22 & 24 du liuret de l'an
1630, dont le premier enseigne, *Que le rectangle compris sous le costé d'vn*
polygone inscrit au cercle, & sous le quart d'autant de diametres que le polygone a de
costez, est egal au polygone ayant deux fois autant de costez inscrit au mesme Cercle, &
le second declare que *le circuit du triangle eqilateral circonscrit à vn Cercle est*
sextuple du circuit du triangle equilateral inscrit au mesme cercle. Car que l'on
inscriue tel polygone qu'on voudra, & que par apres l'on en inscriue vn

autre ayant deux fois autant de coſtez, & que l'on ſuiue le diſcours ſer-
uant de demonſtration, l'on conclurra ce que la propoſition enſeigne.

(VOYEZ LA QVATRIESME FIGVRE)

Pour ce qui concerne le ſecond lemme il n'y auoit que deux voyes, ou
de circonſcrire à vn cercle vn triangle equilateral, & de tirer des lignes
qui ioigniſſent les poincts, ou le triangle circonſcrit touche la circonference, & de demonſtrer que ces trois lignes conſtituent vn triangle equilateral inſcrit: ou d'inſcrire comme l'on a fait en vn cercle vn triangle
equilateral, & de mener des contingentes par les poincts ou les angles
du triangle equilateral poſent ſur la circonference; c'eſt à dire des lignes
perpendiculaires ſur les ſemidiametres, qui ſont menez du centre du
meſme triangle equilateral inſcrit aux angles à l'exemple d'Euclide. L'vne
de ces voyes n'eſt pas plus ſcientifique que l'autre, & neantmoins la derniere eſt cenſurée par I Pujos fort dedaigneuſement, quoy que plus ap-
prochante de la conſtruction de la ; du 3 d'Euclide. Il ne ſçauroit cotter
aucun endroit où l'on ait fait paſſer la demonſtration de ceſte propoſition pour vn chef-d'œuure, quoy qu'elle ſoit plus naturelle que l'autre,
& qu'elle ne ſorte hors du ſujet comme il l'a dit page 11, ligne 2, parce
qu'en effet c'eſt le *medium* de la demonſtration de ce dont eſt queſtion.
afin d'en teſmoigner du meſpris, ne pouuant faire pis, il dit qu'elle
eſtoit aiſée. Que ſi elle euſt eſté obmiſe, quelque facilité qu'il y ait, il euſt
crié à la fauſſeté, comme il a fait au ſujet de choſes bien plus aiſées, & où
il ne falloit qu'ouurir les yeux pour les reconnoiſtre, és ſecondes & troi-
ſieſmes propoſitions page 16, ligne 25, du liuret de l'an 1638 qu'il paſſe à
preſent pour *reparations neceſſaires*, au lieu qu'auparauant il les paſſoit pour
fauſſetez abſolumes, & dont il ne peut encores ſe deſdire en la meſme page
ligne 28, quoy que l'on ait fait pour le conuaincre tout ce qu'il a voulu.

CHAPITRE SECOND,

*Où la refutation de ce qui eſt dit és pages 11, 12 & 13 des pretendues Futili-
tez, par maniere de recharge; à l'effect de ſouſtenir par Iacques Pujos,
qu'il n'a pas mal à propos argué le calcul, par lequel il auroit eſté prouué,
que le quarré TV (de la figure cottée CINQ, en la demy feuille
qui ſe deſploye) eſt plus petit que le dodecagone inſcrit.*

IL ſuffiſoit pour la defenſe de M. de Laleu, de ſouſtenir que ſon intention n'auoit iamais eſté de mettre en auant la quadrature qui ſe peut
voir en ceſte figure, en laquelle ZCRL eſt le quarré circonſcript au cercle
NKSG, & NKGS eſt le quarré inſcrit, dont les diagonales ZL, CR ſ'en-
trecouppent au centre A, & où CH a eſté faite egale à CK, & la ligne AH
tirée qui couppe le cercle PMX au poinct M, par lequel la ligne TV eſt
menée parallele aux lignes CL & KS, qui couppe les lignes AC, AL és
poincts T & V, que l'on auroit creu eſtre au ſens de M. de Laleu le coſté
du quarré egal au Cercle NKGS. Iacques Pujos a voulu faire dauantage,

& a

& a penſé monſtrer que ce quarré eſtoit plus grand que les trenteneuf
treiziémes du quarré du ſemidiametre, ou que le dodecagone inſcrit. Il a
ſi bien rencontré qu'il a trouué que le quarré TV compris dans le quarré
circonſcrit eſtoit plus grand que le meſme quarré circonſcrit. Il ſeſt
voulu excuſer ſur l'Imprimeur, & à ce ſujet a fait depuis coller des M, S&
K, imprimez ſur des petits morceaux de papier, à quoy il pouuoit eſtre
receu ſans les corrections qu'il auoit fait faire à la main : & ſ'il ne vouloit
encores aſſeurer, que prenant $\frac{10}{91}$ du quarré de A C, pour le quarré K C,
l'on ne peut ſuppoſer pour AC autre choſe que 1. A quoy il prendra
garde, que le quarré A C, eſtant indefiny, tout ainſi que l'on a pris $\frac{1}{9}$ du
quarré AC, pour le quarré de C K, ſans qu'il en ait fait de difficulté, &
ſongé ſi le quarré AC eſtoit 1 ou 2, d'où il a voulu induire vn pretendu
meſconte, qui ne nuiſoit point à la concluſion que l'on a voulu eſtablir,
ſçauoir que le quarré en queſtion eſtoit plus petit que le dodecagone
inſcrit, à cauſe de la difference qui alloit apres d'vn quart ; ainſi l'on a peû
prendre $\frac{10}{91}$ du quarré de AC, pour le quarré de KC, & ne peut auoir aucun
ſujet de plainte. Pour ſa plus grande ſatisfaction, il ne tiendra qu'à luy
d'apperceuoir plus à plein, qu'il eſt malheureux, quand il luy a pris enuie
de reprendre, & nommément lors qu'il a improuué le calcul qui eſtoit vn
peu plus groſſier que celuy qui ſuit, par lequel on a prouué

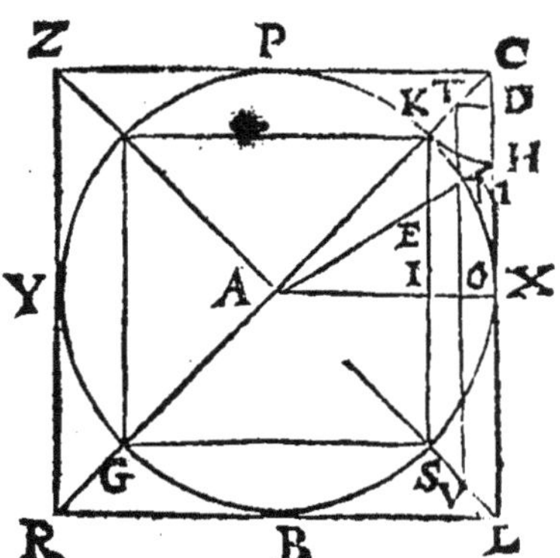

ce qu'il verra icy fort nettement, ſçauoir que le quarré T V eſt plus petit
que le dodecagone inſcrit. Car AX ou AK, ou XC eſt 1. la ligne A C eſt $\gamma 2$.
GK ou EI eſt $\gamma 2-1$, comme il vient d'eſtre dit. Le quarré de CK eſt $3-\gamma 8$.
Le quarré AI eſt $\frac{1}{2}$. Le quarré AE $\frac{1}{2}-\gamma 8$. Le quarré AM, 1. Le quarré de KS, 1.
Parce que les quarrez AE, AM, TV ſont proportionnels, comme $\frac{1}{2}-\gamma 8$
ou $\frac{7-\gamma 32}{2}$ à 1; ainſi 2 à $\frac{4}{7-\gamma 32}$. D'où il appert que le quarré T V eſt $\frac{4}{7-\gamma 32}$.
Comparons $\frac{4}{7-\gamma 32}$ auec 3, qui eſt le dodecagone inſcrit, Suppoſé que le
ſemidiametre ſont 1, & multiplions tout par $7-\gamma 32$. Du coſté du quarré

T V. l'on aura 4. Et du cofté du dodecagone infcrit, l'on aura 11—γ288.
Et par antithefe du cofté du quarré T V, l'on aura γ288. Et du cofté du
dodecagone infcrit 17. Prenant les quarrez de ce qui fe trouue de chacun
cofté. L'on trouuera 288 du cofté du quarré T V. Et du cofté du dodecagone infcrit 189 Doncques le quarré T V eft plus petit que le dodecagone
infcrit, comme l'on a conclud au liuret de l'an 1630. & en la *Refutation du
liuret enuoyé de Lion*, &c.

L'on remarquera en paffant, que la raifon pour laquelle au liuret de
l'an 1630, on n'a point rapporté cette refutation par les nombres irrationaux, a efté qu'en la conference du 16 Aouft de la mefme année, il auoit
efté recogneu que M. de Laleu ne vouloit receuoir que des demonftrations linaires, & rejettoit abfolument cette forte de nombres, & que
d'autre cofté ledit fieur de Laleu tenoit pour certain que la diagonale
d'vn quarré ou *γ2 Bien qu'indicible contient* 1½ *fois de fon cofté, moins vne fimple
neufuiéme partie de fa capacité mis en figure quarrée.* Car fur cette fuppofition
on n'euft pas trouué ce que l'on euft defiré, & c'euft efté vne autre diffe-
rend encores à vuider auecques luy, que l'on ne f'eftudioit de conuaincre, que par ce dont il demeureroit d'accord.

CHAPITRE III,

*Auquel il eft monftré, qu'il n'a pas efté dit fans raifon, fuiuant la XVI
propofition du II de l'Arithmetique de Iordan, que la plus grande des
pretenduës moiennes proportionelles de M. de Laleu, contient au moins
dix-neuf vingtquatriémes de la plus grande extreme. Ce qui eft enço-
res iuftifié par les nombres irrationaux.*

TOVT ainfi que I. Pujos à mal propos a paffé pour vn paralogifme ce
qu'il n'a peû comprendre en la demonftration de la propofition ad-
uancee par Monfieur de Laleu en la conference du 16. Aouft mil fix cent
trente, comme il a efté monftré au chapitre precedent, de mefme au
fujet de l'vne des fauffes quadratures du Cercle de Monfieur de Laleu,
qui fe trouue en quelques-vns de fes placards du 18. Aouft enfuiuant,
Il f'y eft fantafié *vn paralogifme euident*, quand il a affeuré page 15. ligne 43.
que fans raifon il a efté conclu (VOIEZ LA SECONDE
FIGVRE) *que la ligne A E, ou fon egale E H, ou I K, contient au moins dixneuf vingtquatriemes du diametre A E, ou de la plus grande des extremes.*
Il ne peut f'en prendre qu'à luy mefme de n'auoir peû, ou voulu comprendre vne chofe tres-facile. Car puifque A F contient tout au moins

vingt quatre cinquiémes de la ligne BD, & AE tout au moins dixneuf cinquiémes de la mefme ligne BD. Il s'enfuit que la ligne AE contient tout au moins dixneuf parties telles que la ligne AF en contient au moins vingt quatre. Doncques la ligne AF eft tout au moins à la ligne AF comme 19 à 24. Doncques la ligne AE contient tout au moin2 $\frac{19}{24}$ de la ligne AF. Cecy eft bien clair & euident. pour monftrer pourtant que le tout eft bien fondé en raifon. Puis que l'exces dont AE furpaffe $\frac{24}{5}$ de la ligne BD eft le mefme exces dont AE furpaffe $\frac{19}{5}$ de la mefme ligne BD. Si à ce mefme exces l'on adioufte $\frac{24}{5}$ de la ligne BD, & $\frac{19}{5}$ de la mefme ligne, par la XVI du II liure de l'Arithmetique de Iordan, la raifon de la ligne compofée de cet excez, & de $\frac{24}{5}$ de la ligne BD, c'eft à dire de la ligne AF, à la ligne compofée de ce mefme exces, & de $\frac{19}{5}$ de la ligne BD, c'eft à dire la ligne AE, eft plus petite, que la raifon de $\frac{24}{5}$ à $\frac{19}{5}$, ou de 14 à 19. Doncques $\frac{19}{24}$ de la ligne AF font plus petits que la ligne AE par la 8 du 5.

Si cette conclufion femble *vn paralogifme manifefte* à I. Pujos, que fi bon luy femble auec autant de raifon paffera quelque propofition que ce foit pour vn paralogifme, quand il ne l'entendra pas, ou qu'il fe trouuera contraint d'aduoüer quelque chofe contre fongré, il pourra voir par ce calcul, que AE eft en effe&t plus grande que $\frac{19}{24}$ de la ligne AF. Que lon fuppofe comme l'on a fait vn peu auparauant que AB eft 1. AL fera $\sqrt{2}$. BD $\sqrt{2}$—1 egale à EF. Doncques AE ou AB moins EF, eft 2—$\sqrt{2}$+1; ou 3—$\sqrt{2}$, les $\frac{19}{24}$ de AF feront $\frac{38}{24}$ de AB, parce que AF eft double de AB. Doncques il faut comparer AE ou 3—$\sqrt{2}$ auec $\frac{38}{24}$ de AB, qui reuiennent à $\frac{19}{24}$ de AF. Multiplions le tout par 24. Du cofté de 3—$\sqrt{2}$. l'on aura 72—$\sqrt{1152}$: Et du cofté de $\frac{18}{24}$ l'on aura 38. Par antithefe du cofté de 3—$\sqrt{2}$ l'on aura 34 : & du cofté de $\frac{18}{24}$ l'on aura $\sqrt{1152}$. Prenant les quarrez de ce qui fe trouue de part & d'autre : l'on aura 1156 du cofté de AE, ou de 3—2. Et du cofté de $\frac{19}{24}$ de AF, ou de $\frac{18}{24}$ de AB. l'on aura 1152. Mais 1156 eft plus grand que 1152. Doncques AE eft plus grande que $\frac{19}{24}$ de AF. Doncques fi en fuppofant AE, plus petite qu'elle n'eft en effet, le re&tangle AE, AF eft plus grand que le quarré des huict neufuiémes du diametre. A plus forte raifon le re&tangle AE, AF eft plus grand en effet que le mefme quarré des huict neufuiémes du diametre.

Si Iacques Pujos eft empefché pourquoy en l'endroit qui vient d'eftre allegué page 15, l'on y a rapporté la refutation de cette propofition. Il fçaura que ç'a efté au fujet de ce qu'en vn placard publié au mois d'Octobre 1634 commençant par ces mots : *Celuy qui a maintenant*, & finiffant par ces mots, *Qui feul me faune & garde*, Le fieur de Laleu a allegué Oronce Finé, comme ayant dit, *Que celuy qui auroit trouué deux lignes moyennes proportionnelles entre deux autres de fimple & double grandeur, auroit rencontré la quadrature du cercle*. Ce qu'on a eftimé reuenir à ce que I. Pujos page 8 de fon Libelle des pretenduës Nullitez ligne 10 dit, *du quarré de mitoyenne capacité a deux autres en double proportion;* (où il fe trouueroit empefché à faire connoiftre qu'il n'a point baillé de *galimathias*) & a fait penfer qu'il pourroit y auoir de l'artifice, d'auoir en quelques vns des placards de l'année

1650 obmis la proposition en question, qui se trouuoit en quelques autres. C'est pourquoy afin de ne laisser rien de ce qui a esté auancé par M.
de Laleu sans refutation, l'on a rapporté celle dont I. Pujos n'est pas
content, pour ne l'auoir pas entenduë, comme il luy arriue presque en
toutes rencontres.

CHAPITRE IV,

Où la refutation de ce que I. Pujos a repliqué en la page 16 depuis la ligne
29, és pages 17, 18, 19, 20, 21, 22, 23, 24, 25, & 26 des pretendues
FVTILITEZ, pour ne pas auoüer l'erreur qu'il a commis en regra-
bellant hors de propos ce qui auoit esté osté au liuret de l'an 1638. Où il est
monstré par raison & exemple de bons autheurs (1). Surquoy est fondé
ce qui a esté dit, que (des trois grandeurs C, D, E, ou A, B, E, si C, est plus
petite que chacune des grandeurs D, ou E: ou A, que chacune des gran-
deurs B & E: & D & B aussi plus petite que E, la raison de C à E, ou de
A à E est plus grande que celle de D ou B à E. (2) Suiuant l'exemple de
quarante neuf autheurs qui ont escrit en huict langues, que la raison
de 1 à 2 peut estre dite la raison double. (4) Que la IV des propositions
transcrites és pages 26, 27, 28, 29, 30 de la Refutation des pretendues
Nullitez, a esté enseignée par Loüis Foliani, comme les deux premieres
par Pappus. (5) Que raison interualle & habitude, sont pris pour
les bons autheurs pour vne mesme chose. (6) Quel est le sens de la ma-
niere de parler de la VIII du V d'Euclide, & que l'intention d'Euclide
au mesme liure, n'a iamais esté de comparer les raisons inegales entre
elles, non pas mesme les egales. (7) Que pour l'induction de ce sens,
quelques vns ont consideré iusques à la syntaxe des mots d'Euclide.
(8) Quelques raisons qui appuyent ceste consideration.

ENCORES que Iacques Pujos ne disconuinst pas en son libelle des
pretendues Nullitez ce dont il s'agist au principal, c'est à dire, que le
quarré des huict neufuiémes du diametre, est plus grand que le Cercle,
toutesfois pour se donner matiere d'escrire contre le liuret de l'an 1638,
qui luy eust manqué sans cela. Il s'est amusé tout à fait hors de propos, &
inutilement, à esplucher ce qui y auoit esté osté en la correction faite,
presque à l'instant que l'impression fut paracheuée. Il auoit esté aduerty
bien expressément en la *Refutation* de ce libelle de *Nullitez* d'y auoir mal
reussi, iusques à n'auoir peu comprendre où estoit veritablement l'erreur,
& d'où il prouenoit. Pour faire cognoistre que cela estoit vray, & faire
comprendre la vraye cause de la correction de ce liuret de l'an 1638, c'est
à dire celle do l'erreur qui s'estoit glissé en la X proposition: On auoit
transcrit quatre propositions és pages 26, 27, 28, 29, 30, & 31, de la Refu-

ſation de ſes pretenduës *Nullitez*, dont il adoüe les deux premieres qui ſe trouuent dans Pappus au commencement du VII liure, & a rebutté les deux dernieres. Il a trouué à redire iuſques à en faire vne riſée, en la maniere dont elles ont eſté enoncées, pour y auoir diſtingué par le menu tous les cas qui peuuent arriuer en chacune de ces propoſitions, ſans prendre garde que ç'auoit eſté particulierement à ſon ſujet, & où tout expres l'on a ſuiuy vne maniere de parler fort familiere à ce ſien amy autheur d'vne affiche dont il a tranſcrit vn loppin en la page 5, lignes 38, 39 & 40. parce qu'en ſon libelle des pretenduës *Nullitez*, il auoit argué de fauſſeté vne demonſtration, où il n'eſtoit pas fait mention expreſſe d'vn diametre qu'il voyoit de ſes yeux. L'on a penſé que ſi l'on euſt tranché court il euſt crié à la fauſſeté. Il eſt arriué quand l'on a particulariſé tous les cas, pour luy oſter toute ſorte de doubte, qu'il l'a trouué mauuais, & fait *l'aueugle*. Il ſera remarqué que ces propoſitions, quoy que faciles, n'eſtoient pas ſi fort en vſage; & d'autre coſté eſtoient conceuës en des termes, leſquels encores qu'ils reſſemblent bien fort à la maniere de parler de la 8 du 5 d'Euclide, ont pourtant vn ſens tout different; & où il eſt aiſé de ſe meſprendre, comme l'on auoit aſſez experimenté en ce qu'il a fallu corriger au liuret de l'an 1638, qui eſt tout ce dont I. Pujos a pris ſujet d'eſmouuoir la noiſe dont eſt queſtion. La quatriéme de ces propoſitions ſera icy encores tranſcrite, & en ſuite toutes les difficultez imaginaires que I. Pujos a formées ſeront leuées, & l'on y fera particulierement voir qu'il n'y a rien eſté dit, qu'à l'exemple de bons autheurs, tant des plus anciens que des modernes.

IV. Propoſition.

S'il y a quatre lignes rangées de telle façon, que les deux plus grandes ſoient accouplées enſemble, & que les deux plus petites ſoient auſſi accouplées enſemble, & que la plus petite de l'vne des couples ſoit la premiere, & la plus petite de l'autre couple ſoit la troiſiéme, & que le rectangle ſous la premiere & quatriéme ſoit plus petit que le rectangle ſous la ſeconde & troiſiéme, la raiſon de la premiere à la ſeconde eſt plus grande que celle de la troiſiéme à la quatriéme.

(VOYEZ LA SIXIEME FIGVRE.)

Soient les quatre lignes A, B, C, D, tellement arrengées, que les deux plus grandes ſoient accouplées enſemble. Premierement que la plus petite de la plus grande coupple, ſçauoir A, ſoit la premiere, & la plus petite de l'autre couple ſoit la troiſiéme, & que le rectangle ſous la premiere A, & quatriéme D, ſoit plus petit, que le rectangle ſous la ſeconde B, & la troiſiéme C. Ie dis que la raiſon de la premiere A à la ſeconde B, eſt plus grande que la raiſon de C à D. Aux trois lignes A, B, C, ſoit trouuée vne quatriéme proportionnelle E. Parce que les quatre lignes A, B,

C, E ſont proportionelles, par la 16 du 6, le rectangle ſous A & E, eſt egal au rectangle ſous B & C. Mais le rectangle ſous B & C, par la ſuppoſition eſt plus grand que le rectangle ſous A & D. Doncques le rectangle ſous A & E eſt plus grand que le rectangle ſous A & D. Doncques par la 1 du 6. E eſt plus grande que D. Doncques la raiſon de C à E, eſt plus grande que la raiſon de C à D : Mais la raiſon de C à E eſt la meſme que celle de A à B. Doncques la raiſon de A à B, eſt plus grande que celle de C à D.

(VOYEZ LA SEPTIEME FIGVRE.)

En ſecond lieu, que la plus petite de la plus petite coupple, ſçauoir C ſoit la premiere, & la plus petite de la plus grande coupple ſçauoir A, ſoit la troiſiéme, & que le rectangle ſous B & C, ſoit plus petit que le rectangle ſous A & D. Ie dis que la raiſon de C à D eſt plus grande, que celle de A à B. Aux trois lignes C, D, A, ſoit trouuée vne quatriéme proportionelle E. Par la 16 du 6, le rectangle ſous C & E eſt egal au rectangle ſous D & A. Mais le rectangle ſous B & C eſt plus petit que le rectangle ſous D & A, par la ſuppoſition. Doncques le rectangle ſous B & C eſt plus petit que le rectangle ſous C & E. Doncques par la 1 du 6, B eſt plus petite que E. Doncques la raiſon de A à E eſt plus grande que la raiſon de A à B. Mais la raiſon de A à E eſt la raiſon de C à D. Doncques la raiſon de C à D eſt plus grande que la raiſon de A à B.

Il ſera remarqué auant que d'aller plus auant, que ceſte propoſition, qui eſt l'vne de celles dont I. Pujos fait tant l'eſtonné, n'eſt pas nouuelle; puis qu'elle eſt employée par Loüis Foliani de Modene au chapitre VIII de la premiere ſection de ſa Muſique Theoricque, imprimée à Veniſe en l'annee 1529, il y a cent quatorze ans, où il conclud, que des deux raiſons de 4 à 5 & de 6 à 7, celle de 4 à 5, eſt plus grande que celle de 6 à 7 : parce que multipliant 4 par 7, le produit eſt de 28, plus petit que 30, qui eſt le produit de 5 par 6. Voicy ſes termes propres : *Quæ iſtarum proportionum ſcilicet 4, 5, 6, 7 ſit maior vel minor, veliſque id inquirere : Illis in quadrato vt ſupra docuimus diſpoſitis ſeptenarium per quaternarium, & quinarium per ſenarium multiplicabis, & reſultabunt illi termini 28 & 30, quorum minor qui ex multiplicatione per minorem terminum proportionis, qua eſt inter quaternarium & quinarium reſultabit, ideo talis proportio eſt maior & excedens, & alia ſibi correſpondens erit minor & exceſſa, eo quod per minorem eius terminum multiplicatio maiorem dat terminum ſcilicet 30.* Laquelle de ces deux proportions de 4 à 5, & de 6 à 7 eſt la plus grande ou la plus petite, & que vous deſiriez le ſçauoir : Quand vous les aurez diſpoſé en quarré comme nous l'auons enſeigné cydeuãt, vous multiplierez 7 par 4, & 5 par 6, dont il prouiendra 28 & 30, dont le plus petit eſt celuy qui prouient de la multiplication par le plus petit terme de la proportion d'entre 4 & 5. C'eſt pour quoy ceſte proportion eſt plus grande & excede, & l'autre ſa correſpondente eſt la plus petite, & excedée, parce que la multiplication par ſon plus petit terme donne le plus grand terme 30.

Le ſujet de ce grand eſtonnement que I. Pujos teſmoigne eſt, *qu'il faut*

qu'il

qu'il soit bien aueugle, de ne pouuoir comprendre ceste proposition.

Si les grandeurs A & B sont toutes deux plus petites que E, & que A soit plus petite que B, la raison de A à B, est plus petite que celle de A à E.

Ou bien si des trois grandeurs C, D, E, la grandeur C, est plus petite que chacune des grandeurs D, E, & que D soit plus petite que E, la raison de C à E est plus grande que celle de C à D.

Ceste proposition est fondée, sur celle qui autrefois a eu grand cours, parmy ceux qui ont escrit il y a trois cens ans de ces questions estimées si abstruses, de l'intention des formes, du mouuement d'augmentation, *de difformibus*, de la proportion des mouuemens, & qui a esté employée par Iean Keppler Mathematicien des Empereurs Rudolphe, Mathias, & Ferdinand second en sa chiliade de logarithmes, page 4. pour vn axiome: *Proportio minuitur aucto minori termino, vel diminuto maiori. Augetur autem contrariis rationibus. Id est aucto maiori termino, vel diminuto minori termino.* C'est à dire, qu'vne proportion est diminuée, ou appetissée en augmentant le plus petit terme, ou en diminuant le plus grand terme, & que tout au rebours elle est augmentée en diminuant le plus petit terme ou augmentant le plus grand terme. Ce que Fra Luca del Borgo en la distinct. 6, du quatriéme traité de sa somme d'Arithmetique, Geometrie, Proportions & Proportionalitez, Art. 1, a exprimé en ces termes : *Cresci la proportione sempre si al suo magiore extremo si gionga alcuna cosa restando el menor termino fermo, ouer del suo menor extremo se caui termino minor del detto menore extremo. Exemplum primi. Sia vna proportione qual si voli & sia per adesso vna dupla, li cui estremi siano 4 & 8. Dico se sopra 8 se gionga quantita, & pur 4 remanga quel me desimo, che la proportione primaria che era dupla, douentera maggiore. Or si cha sopra 8 se aggionga 9 fara 17, or dico che sia 4 & 17 e magior proportione che da 4 a 8. Exemplum secundi. Chaui se del 4 suo minor extremo vn termino minore desso, & si a gratia exempli 3. Caua de 4 resta 1. el magior extremo remanente pu 8, come prima era. Dicola proportione sia 1 & 8 esser augmentata de quel che prima era sia 4 & 8. Pero che quella e dupla, & questa octupla, &c.* C'est à dire que la proportion croist tousiours, si au plus grand terme l'on y adiouste, le plus petit terme demeurant ferme, ou bien si du plus petit terme l'on oste vn terme moindre. Exemple du premier cas. Soit vne proportion quelle qu'elle soit, en ce rencôtre que ce soit vne proportion double, dont les extremes soient 4 & 8. Ie dis que si l'on adiouste à 8, & que pourtant 4 demeure sans changer, que la proportion premiere, qui estoit double deuiendra plus grande. Que l'on adiouste 9 à 8, ce sera 17. Ie dis qu'entre 4 & 17, la proportion est plus grande, qu'entre 4 & 8. Exemple du second cas, Que l'on oste du moindre terme 4, vn terme plus petit, à sçauoir 3, reste 1, le plus grand terme demeurant 8, comme il estoit du commencement. Ie dis que la proportion d'entre 1 & 8 est augmentée, & plus grande qu'elle n'estoit pas auparauant entre 4 & 8, parce que celle là estoit double, & celle-cy octuple, &c. Georges Lockert au traité des Proportions, Art. 11. dit que, *Datis duabus proportionibus inaqualibus communicantibus in minoribus terminis illa est maior, cuius minor terminus est maior & maiori excessu excedens dictum minorem terminum in quo communicant.* De deux proportions inegales qui ont leur plus plus petit terme commun, celle-là est plus grande qui a le plus grand terme, & qui excede d'vn plus grand excez le plus petit terme, qui leur est commun. Hier. de Hangest en son traité des Proportions, l. 2. art. 1. not. 1. & Gaspard Lax en son Arithmetique specul. li. 1, def. 15. s'accordent à cela. C'est pourquoy suiuant le sens de Keppler, & celuy de Frere Luca del Borgo en l'article allegué cy deuant, des deux raisons inégales de 1 à 2, & de 1 à 4, la raison de 1 à 4 est plus grande, puis que le plus grand terme sçauoir 4 est plus grand que 2. veu qu'il est loisible de supposer que le plus grand terme de la premiere de ces raisons a esté augmenté iusques à auoir esté fait egal à 4. De mesme suiuant le sens de Georges Lockert des deux raisons de 1 à 2, & de 1 à 4, qui communiquent en leur plus petit terme, c'est à dire qui ont 1, pour leur plus petit terme commun, 4 qui est le plus grand terme, est plus grand que 2, & excede 1, qui est le terme commun d'vn plus grand exces. Doncques la raison de 1 à 4 est plus grande que la raison de 1 à 2. Il est bien aisé au sens de I. Keppler & de Georges Lockert de conclurre, que des trois grandeurs A, B & E, dont A est plus petite que B, & dont A & B sont toutes deux plus petites que E, que la raison de A à B est plus petite que celle de A à E. Parce que la raison de A à B se trouue augmentée ou aggrandie, puis qu'il est loisible de supposer qu'en effet l'on a augmenté la grandeur B, iusques à la rendre egale à la grandeur E. où parce que des deux raisons, sçauoir de celle de A à B, ou de A à E, qui ont a leur plus petit terme commun, le plus grand terme de la raison de A à E, sçauoir E, est plus grand que B, le plus grand terme de la raison de A à B.

Il arriuera de mesme des trois grandeurs C, D, E, dont C, est plus petite que D, & D, plus petit que E, parce que au sens de Keppler, & suiuant son axiome la raison de C à D se trouue augmentée ou aggrandie; Puis que l'on peut supposer que D a esté augmentée, iusques à la rendre egale à E, ou suiuant Georges Lockert des deux raisons, sçauoir celle de C à D, & celle de C à E, qui ont C pour leur plus petit terme commun, E qui est le plus grand terme de la raison de C à E, est plus grand que D, qui est le plus grand terme de la raison de C à D.

C'est icy le secret, qui semble assez grossier, que I. Pujos confesse n'a-uoir peû comprendre, iusques à vouloir passer pour vn aueugle, en ce rencontre. Bien qu'il ait bronché en si beau chemin, il est si rigoureux qu'il semble ne vouloir pas pardonner *mesmes à vn nouice* qui n'en seroit pas quitte à moins que de dire sa coulpe, s'il luy estoit arriué de se seruir de ces mots de *proportion, habitude* & *d'interualle*, en mesme sens. Encores que Boëce presque par tout dans son Arithmetique se serue du mot d'Habitude au lieu du mot de Proportion. Qu'au VIII chapitre du III liure de sa Musique il dise que la proportion du demy ton, sçauoir de 256 à 243 est plus petite que la proportion sesquiseiziéme, au lieu qu'au chapitre 30 du liure precedent il a dit que 243 à 256 à la raison de demy ton. Or est-il qu'il appelle le demy ton vn espace ou interualle, comme il paroist

en quantité d'endroits qu'il feroit ennuyeux de rapporter icy, où il vfe
de ces manieres de parler, *efpace*, qui vaut autant qu'*interualle* d'vn demy
ton, confonance d'vn demy ton, proportion d'vn demy ton, comme re-
uenans à mefme chofe, & ayant mefme effet. Euclide en la conclufion de
la demonftration de la IX propofition de fa Mufique, dit que la raifon
de 57144 à 262144, ou de deux termes, dont le plus grand eft le feptiéme
terme en la raifon fefquioctaue, & 2612144 le premier, eft plus grande
que la raifon double : Au lieu qu'au texte de la propofition il eft dit que
fix interualles fefquioctaues font plus grands qu'vn interualle double,
D'où il appert que fuiuant Euclide, interualle double, & raifon double,
font la mefme chofe. Suiuant Campanus fur la XI definition du V liure
d'Euclide, la proportion de deux quantitez eft vn interualle double. Le
Fevre d'Eftaples au premier de fa Mufique, propofition XXI, dit que fix
proportions fefquioctaues font plus grandes qu'vn interualle double.
D'où il eft tres euident qu'Euclide, Boëce, Campanus, le Fevre d'Eftaples ont employé ces mots d'habitude, d'efpace, d'interualle & de proportion comme fynonymes & ayans mefme fignification.

Iacques Pujos fil en eft creu n'excufera qui que ce foit à qui il arriuera d'appeller double la raifon de 1 à 2, ou triple celle de 1 à 3, ou quadruple celle de 1 à 4. Dautant qu'il ne fçait pas que les cinquante deux
Autheurs fuiuans n'en ont fait aucune difficulté. L'on peut douter
qu'il ne les vouluft remettre à leur nouitiat fi cela dépendoit de luy. En
premier lieu Boëce chap. XXVII du liure I. de fon Arithmetique, parlant
des nombres 1, 2, 4, dit, *Vides vt duplici proportione fequens ordo texatur.* Au chapitre 1. du 2. liure des trois nombres 8, 16, 32, *ad duplas proportiones habitudo
redigitur :* qui vaut autant à dire, que la raifon de 1, 2, 4, ou de 8, 16, 32 eft
double. Nicomachus au premier liure, & Boëce apres luy au liure 2 chapitre XXI. appellent, 1, 2, 4, 8, *rectos duplos,* doubles droicts. & 8, 4, 2, 1,
duplos conuerfos, ce que Nicomachus dit ἐξ ἀναστρόφη. Theon Smyrnæus dont
nous deuons la verfion curicufement elabourée à M. Boüilliaud, & le
texte à la riche & renommée Bibliotheque de la maifon de Thou, ch. 33.
dit, οἷον διπλασίῳ ἢ τειπλασίῳ λόγῳ, ὡς γ, ς, ιβ. *dupla v.g. vel tripla ratione, vt* 3, 6, 12.
Rufus fur Boëce, appelle les nombres 1, 2, 4, 8, *duplos directos,* doubles
directs, & les nombres 8, 4, 2, 1, doubles renuerfez. Nicolas de Orefme
Euefque de Lifieux en fon traicté non encores imprimé de la proportion
des proportions en plufieurs endroits appelle la proportion de 1 à 2,
proportion double. Claude Flamand Ingenieur du Duc de Virtemberg,
en fon Arithmetique, page 21. dit la mefme chofe de 1, 2, 4, & 8. Iacques le
Fevre d'Eftaples en fon Epitome de l'Arithmetique de Boëce de mefmes.
Camerarius en fon traicté intitulé, *Explicatio in librum Nicomachi deductionis
in fcientiam numerorum,* en la derniere page du cahier M, en vne table appelle 1, 2, 4, 8, *numeros duplices,* de mefme fur le fecond liure au cahier cotté
num. 40. Iean des Murs, Chanoine de l'Eglife de Paris, li. 2, du quad. ch. 2.
appelle les nombres 2, 4, 8, 16, 32, *numeros duplos.* Fra Luca, & De Hangeft
es lieux alleguez, Foliani en fa Muf. Theori. en diuers endroits appellent

la raiſon de 1 à 2, la raiſon double. Pontus de Thyard, Eueſque de Chalon, en ſon ſecond Solitaire page 32. dit que 2 à 4 eſt vne double proportion, comme de 4 à 8. Thomas Brauardin, vn de ceux qui ſe ſont plus fermement ſeruis de la diſtinction des raiſons multiples, & ſouſmultiples, à cauſe de la ſecte dont il eſt qualifié le chef, en ſon Arithmetique ſpeculatiue, au chapitre de la proportionalité dit que 1, 2, 4, 8, 16, ſont doubles. Le P. Clauius en ſon Arithmetique pratique dit des nombres 1, 2, 4, 8, 16, 32, &c. que *progrediuntur per proportionem duplam*. Antoine Maria Viſconti, en ſa pratique des nombres & des meſures, page 78, dit que la progreſſion de 2, 4, 8, 16, 32, 64 128, *eſt ſub ratione dupla*. Iean Henry Alſtedius, *in methodo admirandorum Mathematicorum*, chap. XVII. de l'Arithmetique, page 69 dit que des nombres 1, 2, 4, 8, *proportio eſt dupla*. Oronce Finé en ſon Arithmetique pratique liure I. chap. 9 dit que 2, 4, 8, 16, 32, *ſunt ſub ratione dupla* Iean de Nimeghen chap. XXI. de ſon premier liure *de numeris*, dit que 1, 2, 4, 8, 16, *diſtant proportione dupla*. Ioſſe Villichius chap. XIII. du liure II. de ſon Arithmetique, dit que 2, 4, 8, 16 *ſunt rationes duplæ*. Pourcin Beldamandi au chapitre *de duplatione*, de meſme. Huldrich Koning en ſon Epitome d'Arithmetique, chap. IX. dit que *proportio eſt dupla* de 1, 2, 4, 8. Iſaac Hamerlin en ſes Queſtions Arithmetiques, chap. VII. appelle 1, 2, 4, 8, *nombres doubles*. Chreſtien Morſianus partie IV. de ſon Introduction Arithmetique, dit des nombres 2, 4, 8, 16, que *præcedens ad ſequentem habet rationem duplam*. Le P. I. Lantz Ieſuite li. 1. cha. 4. art. 1v. de de ſon Arithmetique, dit que 1, 2, 4, 8, *ſunt in proportione dupla*. Gemme Frizon en la premiere partie de ſon Arithmetique, au chapitre de la progreſſion, dit que les nombres 3, 6, 12, 24, 48, 96, *ſunt in proportione dupla*. Iacobus Micyllas liure II. au chap. *de generibus proportionum*, dit la meſme choſe, ſuiuant ce qu'il auoit eſcrit au chapitre de la proportion, que la raiſon double & la raiſon ſouſdouble *differunt appellatione*. Heizo Buſcher liure 2. de ſon Arithmetique, dit que, *rationes 3 ad 6, & 8 ad 16, ſunt rationes duplæ*. Adam Lonicer en ſon Arithmetique, dit que, *in dupla ratione, vt 2, 4, 8, 16, 32, ſequens priorem bis includit* Iacques Pelletier ch. VIII. du premier liure de ſon Arithmetique, dit qu'és nombres 2, 4, 8, 16, 32, la proportion eſt double Michel Stifel chap. 4. du 1. liure de ſon Arithmetique dit, *In hac progreſſione 1, 2 4 8 ſuccedit proportio dupla proportioni duplæ per omnes terminos continue*. Nicolas Tartaglia chap. IX. du premier liure de la ſeconde partie de ſon Arithmetique, & ſon traducteur Guillaume Goſſelin dit que 3, 6, 12, 24, 48, ſont en proportion double. Iean Abraham dit Launay au ch. des progreſſions, dit qu'és nombres 2, 4, 8, 16, la proportion eſt double. Elcius Mellema ou Edoüard Leon en ſon Arithmetique chap. XXIX. du premier liure, dit que 1, 5, 25, ſont en raiſon quintuple. Iean de Cottereels en ſon Arithmetique, page 294. parle de la progreſſion double dont le premier terme eſt 3, & le dernier 384, qu'il qualifie en proportion double. Humfrey Backer en ſon **W**eſpring of ſciences fol. 39. dit as 2, 4, 8, 16, 32, 64, *herethe proportion is double*. Maurits Zons au neu uol gegrundtes. *Kunſt vnd Rechenbuch auf der ziffer* pag. 31. dit de 1, 2, 4, 8, 16, &c. *mit einer* gleichen proportio: vnd iſt dupla. Iuan de Yciar Biſcain en ſon Arithmetique pratique, page 13, dit que la proportion de 1, 2, 4, 8, 16, 32, es dobla. De meſme Gaſpard de Texeda fol. 19. de la ſumma d'Arithmetica y de todos mercaderias. Et Sebaſtian Fernandez en ſon Arithmetique page 143. Frere Iean de l'Ortie Iacobin, & apres luy frere Claude Plantin de l'Ordre de S. Antoine de Viennois, au 12. chap. de ſon Arithmetique & Geometrie, dit que 2 & 4, 3 & 6 ſont en proportion double. Frances Pellos en ſon Art d'Arithmetique & de Ieumetrie Prouençale, ou Compendion de lo abaco page ſeconde du fueillet 13, appelle 1, 2, 4, 8, 16, 32, nombros dobles. Geronymo Cortes chap. 6. du 2. liure de l'Arithmetique, de meſme. Antich. de Rocha de Giron en ſon Arithmetique p. 1. li. iv. ch. x. dit des nombres 3, 6, 12, 24, 48, que guardan dupla proportion. Iuan Perez de Moya en ſon Arithmerique pratique & ſpeculatiue, li. 5. ch. 4. art. 3. dit que la proportion que ha 1 con 2 es dupla. Gaſpard Nicolas en ſa pratique d'Arithmetique en Portuguez dit ſe quiſeres recolher todas has ſomas de huiʃa properçam dupla 2, 4, 8, 16, 32, 64, &c. Salomon de Caux en ſon Inſt. Harmonique, partie premiere, appelle la raiſon de 2 à 3 ſeſquialtere. Henry Velpius dit que ratio 2, ad 4, & 8, ad 16, eſt ratio dupla. Alkindus au liure de cognitione compoſitionis graduum medicamentorum, dit de 2, 4, 8, 16, que ſunt multipli, il ne dit pas ſubmultipli. Ramus liure 11. chap. xvii. dit que 4, 6, 9, eſt exemplum rationis ſuperparticularis, ce qu'il confirme au chapitre ſuiuant, où il dit 1, 2, 4, 8, eſſe progreſſionem duplam. Fernel de meſme liure 3. chap. 5. de proportionibus. Franciſco Galigay liure 3. queſtion 72. la proportioʃe di 2, 4, 8, 16, e doppia. Franceſco Feliciano de Lazeſio nella ſcala grimaldelli li. 2. cap. De compoſitione proportionum. 1, 2, 4, doue ſono tre termini è fra lo 1 & 2, ſiue proportione dupla, & fra 1 & 4 ſono due duple, cioe quadrupla. Ainſi Claude Berthot Principal du College de Dijon chap. 7. de ſon Arithmetique Ce que d'autres, côme Cardan, Pedro Nunnes, Henry Velpius, Iean Scheubel, Lazare Schoner appellent progreſſionem ſubduplam. D'où il appert que les autheurs qui viennent d'eſtre alleguez, entre leſquels ſont les plus anciens qui nous reſtent, ſçauoir Nicomachus entre les Grecs, & Boece parmy les Latins, n'ont fait aucune diſtinction lors qu'ils ont voulu exprimer les proportions, ny pris garde ſi les plus petits termes eſtoient les antecedens, & marchoient les premiers, ou ſ'ils eſtoient les conſequens, & marchoient au ſecond rang. Tellement qu'à leur exemple il n'y a eu aucun inconuenient en la refutation du libelle enuoyé de Lion par I. Pujos d'appeller la raiſon de 1 à 2 la raiſon double, & celle de 1 à 4 la raiſon quadruple. Il ne ſera que bien à propos pour l'inſtruction de I. Pujos de tranſcrire icy la fin de la demonſtration de la 26 propoſ. du 2. liure de la Muſique de Iaques le Fevre d'Eſtaples de 1514. où il dit: Id tamen propter Sophiſtas aduertere licet, quod tonus & ʃua partes intenʃæ ſemper in ſuperparticulari ſuperpartienti aut multiplici habitudine cadant. remiſʃæ vero in ſubſuperparticulari, ſubſuperpartienti aut ſubmultiplici. At vero etſi ita eſt ſolemus tamen eas omnes dicere eſſe inſuper particulari habitudine, ſuperpartienti aut multiplici. Idem ſuperparticulare & ſub ſuperparticulare, reputantes & pro vno computantes. Similiter ſuperpartiens & ſub *superpartiens, multiplex & submultiplex.* C'est à dire: *Il faut prendre garde pourtant à cause des sophistes, (& pour euiter les picoteries) que le ton & ses parties en haut se rencontrent tousiours en l'habitude superparticuliere, superpartiente, ou multiple. Au lieu qu'en bas elles se rencontrent tousiours en l'habitude sous superparticuliere sous superpartiente, ou sousmultiple. Et bien que cela soit, nous auons tousiours coustume de dire qu'elles se trouuent en l'habitude sousparticuliere superpartiente ou multiple, prenans le sousparticulier & le soussuperparticulier pour la mesme chose, & faisans le mesme du superpartient & du soussuperpartient, aussi bien que du multiple ou du sousmultiple.* D'où l'on voit qu'il n'est pas tousiours necessaire d'obseruer la rigueur de la distinction de la proportion multiple & sousmultiple, ou de la double, ou sousdouble, superparticuliere ou soussuperparticuliere. Et que I. le Fevre d'Estaples qualifie du nom de Sophistes ou Ergoteurs, ceux qui ne veulent se relascher en ce point, du nombre desquels est I. Pujos.

C'est pourquoy il n'y a point d'incóuenient, quelque repugnance qu'il y ayt en apparence à la 8 du 5 d'Euclide, de comparer deux raisons l'vne auec l'autre, encores que les plus petits termes de chacune, soient les premiers en rang, & les plus grands termes des derniers : Et de dire que l'vne est plus grande que l'autre, à l'exemple de Boëce chap. IX. du second liure de sa Musique, qui a dit que la raison de 16 à 17 est plus grande que celle de 17 à 18, ou de 16 à $16\frac{16}{17}$. Et au premier chapitre du III. liure, que celle de 50 à 55, est plus grande que celle de 53 à 58, ou de 50 à $54\frac{38}{53}$. De Louys Foliani chap. 8. de la 1. sect. de sa Musique Theorique, cité vn peu auparauant, qui a dit que la raison de 4 à 5, est plus grande que celle de 7 à 8, ou de 5 à $5\frac{5}{7}$. D'Ange de Fossembron en son Traicté, *de motu locali*, où il dit que la raison de 5 à 6, est plus grande que celle de 7 à 8, ou de 5 à $5\frac{5}{7}$. De Franchin Gaphore en sa Musique Theorique, liure 3. chap. 6 où il asseure que la raison de 50 à 55, est plus petite que celle de 48 à 53, ou de 50 à $55\frac{5}{24}$. De F. Luc du Bourg du S. Sepulchre. De Iordan de Forests en la 16 du 2 de son Arithmetique, où il a dit que si à deux nombres égaux l'on adjouste deux nombres inégaux, sans dire quel le premier, quel le second, la raison des composez ou prouenans de l'addition est plus petite, que celle des nombres inegaux auparauant l'addition. Par exemple, si l'on adjouste à 2, les nombres de 5 & 6, la raison de 7 à 8 sera plus petite que celle de 5 à 6 : du R. P. Mersenne en la propos. XXII. du troisiesme liure de son ouurage Latin, *de Instrumentis harmonicis*, qui dit que *ratio* 81 *ad* 256, c'est à dire celle de 7 à $22\frac{10}{81}$ *est maior tripla sesquiseptima Archimedis*, ou de 7 à 22.

Sçauoir s'il y a plus grand hazard de dire, que la raison de 7616 à 7776 est plus grande que celle de 29174 à 29794, ou de 7616 à $7775\frac{1214}{29274}$, que non pas de dire que celle de 16 à 17 est plus grande que celle de 17 à 18, ou de 16 à $16\frac{16}{17}$, ou que la raison de 50 à 55 est plus grande que celle de 55, à 58 ou de 50 à $54\frac{38}{53}$ comme Boece, ou que la raison de 4 à 5 est plus grande que celle de 6 à 7 comme Loüis Foliani : ou que la raison de 5 à 6 est plus grande que celle de 7 à 8, ou de de 5 à $5\frac{5}{7}$ comme Ange de Fossembron, ou que la raison de 7 à 8 est plus petite que celle de 5 à 6 comme Iordan.

Neantmoins ſuiuant la VIII du V, 16 à 16$\frac{15}{17}$ a plus grande raiſon, que 16 à 17. Et 50 à 54$\frac{8}{13}$ a plus grande raiſon que 50 à 55. Et 5 à 5$\frac{5}{7}$ a plus grande rai-ſon que 5 à 6. Et 50 à 55 a plus grande raiſon que 50 à 55$\frac{5}{24}$. D'autre coſté encores que la raiſon de 17 à 16 ſoit plus grande que celle de 16$\frac{16}{17}$ à 16, ſui-uant l'axiome de Keppler, qui a ſuiuy en tout & par tout Frà Luca del Borgo, comme l'on peut remarquer; & encores ſuiuant la maxime de Georges Lockert; neantmoins par la VIII du V, 17 à 16 a plus grande rai-ſon que 16$\frac{16}{17}$ à 16, tellement qu'il n'y a point de contradiction, ainſi que I. Pujos l'aſſeure pag. 24. lignes 20 & 21, de dire que des trois lignes C, D, E, s'il eſt ainſi que C ſoit plus grande que D, & E, & D plus grande que E, que C à E a plus grande raiſon que C à D, par la 8 du 5. Et que la raiſon de C à E, eſt plus grande que celle de C à D, par l'axiome de Keppler, par la maxime de Lockert, ou à l'exemple de Boece, de Foliani, de Gaphoro & F. Luca, comme il a eſté expliqué aſſez au long au premier art. de ce chap.

De plus il faut auoüer que ces deux manieres de parler, la grandeur C, à la grandeur E, à plus grande raiſon, que la grandeur C à la grandeur D, ou bien la raiſon de la grandeur C à la grandeur E eſt plus grande que celle de la grandeur C à la grandeur D, ſont bien differentes, & ne doiuent ſe confondre, comme quelques vns ont fait, ſans y prendre garde, comme le P. Charles Malapert, au cinquiéme d'Euclide, & Simon Marius en ſa verſion Allemande de la 8 du 5, Clauius & quelques autres. De peur de tomber en pareil inconuenient que ceux qui ont fait paſſer cette VIII du V pour vn paradoxe, & pour vne choſe pleine de merueille, comme il s'eſt veu en des theſes venantes d'Italie : ou qui ont dénié que les raiſons ou proportions, quelles qu'elles ſoient, ſe puiſſent comparer entr'elles : Au lieu que l'intention d'Euclide n'a iamais eſté de dire autre choſe, ſinon qu'vne quantité à l'eſgard de la plus petite de deux autres quantitez inegales eſt plus grande qu'à l'eſgard de la plus grande, conformément à la maniere d'expliquer la 19 propoſition ou la quatriéme des propoſitions adjouſtées au cinquiéme liure d'Euclide qu'a ſuiuy le P. Charles Malapert Ieſuite.

Pour ſoudre les objections, & renuerſer le fondement de I. Pujos, qui eſt eſtably ſur la VIII du V, il ſera icy remarqué que iamais, comme il a eſté deſia dit, ce n'a eſté l'intention d'Euclide dans le V liure de ſes Ele-ments, de comparer ny d'apprendre à comparer aucune raiſon l'vne à l'autre, mais ſeulement d'enſeigner, au cas que l'on ait quatre termes, dont deux, en cas de neceſſité, ne laiſſent d'eſtre égaux; & entre deux deſquels il y ait ſemblable raiſon qu'entre les deux autres, en combien de manieres l'on peut arguer vne ſimilitude de raiſons entre deux de ces meſmes termes, ou entre les ſommes, ou entre les differences. A l'égard de chacune des grandeurs, ſçauoir entre la premiere & la troiſiéme, & entre la ſeconde & la quatriéme par la XV. ou entre la ſeconde & la premiere, & entre la quatriéme & la troiſiéme par le Corollaire de la IV. ou entre le premier à l'eſgard du premier & ſecond pris enſemble, & entre le troiſiéme à l'égard du troiſiéme & quatriéme pris enſemble par la XVIII. ou entre la difference du premier & du second, à l'égard du premier, & entre la difference du troisiéme & du quatriéme à l'égard du troisiéme par la XIX, ou entre la difference d'entre le premier & le second, à l'égard du second; & entre la difference d'entre le troisiéme & quatriéme, à l'égard du quatriéme par la XVII, ou bien s'il y a nombre égal de plus de quatre grandeurs, qui prises deux à deux soient en mesme raison, en laissant à part de chacun costé pareil nombre entre celles qui restent, qui demeurent semblables, par la XXIII: ou bien de six grandeurs dont la premiere, seconde, troisiéme & quatriéme soient en mesme raison, & la premiere à la cinquiéme, & la troisiéme à la sixiéme, ou la sixiéme à la troisiéme soient en mesme raison, la premiere à la cinquiéme par les XX & XXIII sont en mesme raison, que la troisiéme à la sixiéme, ou la sixiéme à la troisiéme par la XXI & XXII, ou de six grandeurs dont les quatre premieres soient proportionelles, si la cinquiéme à la seconde à mesme raison que la sixiéme à la quatriéme, la premiere & cinquiéme prises ensemble seront en mesme raison à la seconde, que la troisiéme, & sixiéme prises ensemble à la quatriéme par la XXIV. ou de quatre quantitez proportionelles si la premiere est plus grande, égale, ou plus petite que la seconde, la troisiéme sera pareillement plus grande, égale ou plus petite, que la quatriéme par la XIV. ou de quatre quantitez proportionelles la premiere & la quatriéme prises ensemble sont plus grandes que la seconde & troisiéme prises ensemble par la XXV, & la derniere des propositions qui sont d'Euclide. Que si la VIII du V enseigne que de deux grandeurs inégales la plus grande a vne troisiéme grandeur, à plus grande raison que la plus petite, Il ne s'ensuit pas qu'Euclide ait rien enseigné touchant la maniere qui se peut tenir pour arguer qu'vne raison est plus qu'vne autre raison, mais seulement que de deux grandeurs inégales, la plus grande au respect d'vne troisiéme est plus grande que la plus petite. Que l'on considere la demonstration de ceste proposition, il ne s'y recognoistra autre chose sinon qu'vn multiple de la 1, & plus grande surpasse vn multiple de la troisiéme, & que l'equemultiple de la seconde ne surpasse pas le mesme multiple de la troisiéme : qui vaut autant à dire, qu'vn multiple de la premiere est plus grand à l'égard d'vn autre multiple de la troisiéme, que n'est pas vn autre equemultiple de la seconde, à l'égard du mesme multiple de la troisiéme Que l'on considere la 9, 10, la 14, la 20, la 21 du V, qui sont fondées sur ceste huictiéme, il n'y sera recognu autre chose, sinon qu'il y est conclu qu'vne quantité est plus grande qu'vne autre, ou plustost que de deux quantitez l'vne à l'égard d'vne troisiéme est plus grande que l'autre. Comme tout ce qui peut estre induit de la huictiéme du cinquiéme depend du sens des mots esquels elle est conceue, quelques vns ont pris sujet de penser qu'il y auoit vn changement de cas, que l'on appelle *enallage casus*, & que ce qui se deuoit enoncer au genitif se trouuoit à l'accusatif; de sorte que ce qui deuoit auoir esté exprimé en la maniere qui suit, μείζονος λόγον λέγε) μέγεθος πρὸς μέγεθος. *Maioris rationem habere dicitur magnitudo ad magnitudinem,*

Vne

Vne grandeur est dite auoir respect de plus grande, à vne autre grandeur,
se lit, μείζονα λόγον ἔχειν λέγεται μέγεθος πρὸς μέγεθος, *Maiorem rationem habere*
dicitur magnitudo ad magnitudinem: Vne grandeur est dite auoir plus grande
raison à vne autre grandeur. Vn changement de cas pareil à celuy-cy se
peut bien visiblement remarquer en la III definition du VI, où *Extrema*
& media ratione secari linea dicitur, ἄκρον ⅋ μέσον λόγον τέμνεσθαι γραμμὴ λέγεται.
Vne ligne est ditte couppée selon la moyenne & extreme raison. Qui a
esté bien recogneu par Nazir Iddin, qui a traduit en Arabe les Elements
d'Euclide, quand il a tourné: *Recta linea diuisa secundum rationem habentem*
medium & duo extrema, pour euiter ces mots de moienne & extreme raison,

خط مقسوم علي نسبة ذات وسط وطرفين

Et par Aben Tybbon, qui a traduit les mesmes Elements en Hebreu,

הישר שהוחלק על יחס בעל אמצעי ושתי קיצוות

Linea recta diuisa secundum proportionem habentem medium & duo extrema, Vne
ligne diuisée selon la raison ayant vn terme moyen, & deux extremes.
Tous deux n'auoient rien qui les obligeast à ne pas suiure la phrase
Grecque de mot à mot, & à l'estendre comme ils l'ont fait, s'ils n'eussent
estimé que ceste maniere de parler ἄκρον ⅋ μέσον λόγον, emportoit ceste
autre ἄκρων ⅋ μέσων λόγον, *Extremorum & medij ratione*. Il y a trois cens ans
que Campanus a veu la mesme chose au texte Arabic, sur lequel il a faict
sa version, qui n'est pas celuy de Nazir Iddin: Ce qui a donné sujet au
sieur de I. gentilhomme Bourdelois, de penser qu'il falloit corriger le
texte Grec, & y lire ἄκρων ⅋ μέσων λόγον. Il y a cinq ans qu'il y auoit en ceste
ville vn liure Persion assez ancien, traitant de Geometrie, qui est tombé
entre les mains d'vn grand Seigneur estranger, où l'on distinguoit bien

visiblement نسبت أعظم d'auec نسبيت تعظم *rationem*

maiorem & rationem maioritatis ou *maiorationis*. Ce qui n'est pas vne chose si
estrange qu'elle ne se peust encores voir en vn College de Paris en vn
vieil manuscrit fort mal escrit, & mal conserué, où il restoit quelques
fueillets d'vn autheur, comme l'on pouuoit recognoistre sur l'escriture
presque effacee à cause de l'antiquité, nommé Characton ou Charafton.
En ce vieil liure l'on voyoit par endroits, *Ratio A ad B ratio maiorationis*
ratio autem C à D ratio minorationis. Et en d'autres, *Ratio A ad B maior est ratione*
C ad D. Celuy qui a autrefois monstré par rareté ce liure, Principal de ce
College, & qui a enseigné les Mathematiques à plusieurs personnes à
Paris, est decedé depuis quelques annees. Apres son decez ce fragment
ne s'est trouué, ny parmy ses liures, lors qu'ils ont esté vendus, ny dans la
Bibliotheque du College, où à present il n'y en a aucuns.

Iacques Pujos pour se fortifier dauantage, s'est rangé du costé de ceux
qui n'ont point distingué la quantité d'vne raison d'auec la denomina-
tion. D'où il induit que puis que $\frac{1}{2}$ est plus grande que $\frac{1}{4}$, la raison de 1 à 2
est plus grande que ce celle de 1 à 4. Il n'a pas ouy parler de la vieille ru_

brique qui diſoit: *Maiores rationes producunt minores fractiones, & minores fractiones producunt maiores rationes.* C'eſt à dire que les plus grandes raiſons produiſent les moindres fractions, & les plus petites raiſons produiſent les plus grandes fractions, ſuiuant le ſentiment des autheurs rapportez cy deſſus, qui n'ont point diſtingué pour parler comme le Fevre d'Eſtaples, *Multiplum à ſubmultiplo, ſuperparticulare à ſubſuperparticulari.* Le multiple du ſouſmultiple, & le ſuperparticulier du ſouſſuperparticulier, en faict des raiſons, aux rencontres, ou rien ne les a obligez de s'arreſter ſur l'ordre des termes, ny à prendre garde lequel des deux ſçauoir le plus grand ou le plus petit marche le premier. Comme quelquesfois on y eſt obligé, quand il s'agiſt de la comparaiſon des raiſons, au ſens de la 23 du 6 des Elemens d'Euclide, laquelle autresfois a ſeruy de fondement à ceux qui ont tenu la negatiue, ſur le faict de la comparaiſon des proportions. Fra Luca del Burgo a eſté du ſentiment de cette vieille rubrique, comme il ſe peut induire de l'article 2 de la diſtinction 6 de ſon troiſiéme qui a eſté allegué cy deſſus en ſes propres termes. Iean des Murs Chanoine de Paris, qui ne diſtingue point les nombres ſouſdoubles d'auec les nombres doubles, comme il a eſté remarqué cy deuant au chapitre X. du premier liure de ſon Quadripartit, dit que, *In multiplicibus maior eſt proportio qua habet maiorem denominationem, minor verò qua minorem.* C'eſt à dire qu'és multiplices la plus grande proportion eſt celle qui a vn plus grand denominateur, & la plus petite eſt celle qui a vn plus petit denominateur. Et n'auroit point heſité à dire que la raiſon de 1 à 2 eſt plus petite que celle de 1 à 4 auſſi bien que Boëce, encores que la quantité de la raiſon de 1 à 2 ſoit plus grande que la quantité de la raiſon de 1 à 4.

Il ſera remarqué que faute d'auoir diſtingué la quantité d'vne raiſon d'auec la denomination, & faute d'auoir compris le vray ſens des mots de la VIII du V, comme il vient d'eſtre dit, il eſt arriué que quelques-vns qui ont fait iadis vne forte bande, ont dénié que les proportions ſe peuſſent comparer les vnes aux autres.

Ce qu'on peut conclure de tout ce qui a eſté dit, ſoit par raiſon, ſoit par exemple d'autheurs approuuez eſt.

1 Que la raiſon de 1 à 2 a peû eſtre dite la raiſon double, celle de 1 à 4 la raiſon quadruple. (2) Que la raiſon de 1 à 2 eſt plus petite que celle de 1 à 4. (3) Que la raiſon de 7 à 22 eſt plus petite que celle de 81 à 256, ou de 7 à $22\frac{10}{81}$. (4) Que la raiſon de 7616 à 7776 eſt plus grande que celle de 19274 à 29794, ou de 7616 à $7640\frac{28664}{29794}$, encores que la VIII du V ſemble y repugner, pour auoir vn autre ſens. Tout ainſi que Iacques Pujos ne feroit difficulté de dire que la raiſon de 2 à 1 eſt plus petite que celle de 4 à 1. Et celle de 22 à 7 plus petite que celle de 256 à 81, ou de $22\frac{10}{81}$ à 7. Et celle de 7776 à 7616 plus grande que celle 19794 à 26274, ou de 7776 à $7640\frac{28664}{29794}$.

Que la neufuiéme propoſition du liuret de l'an 1638, ainſi qu'elle ſe trouuoit auparauant la correction repreſentee en l'expoſition n'eſtoit pas abſolument fauſſe, Que la propoſition qui ſe trouuoit apres l'expo-

fition au difcours employé pour demonftration, n'eftoit pas abfolument
fauffe , puis que ces propofitions eftant indefinies , elles eftoient vrayes
en certains cas & conditions. Que la dixiéme eftoit fauffe. Que la XIV
eftoit vraye. En fin il fera remarqué qu'il fembleroit à voir Iacques Pujos
& la façon dont il f'eft émeu, qu'il ne demeure pas d'accord que la circonference contient moins de 22 parties , telles que le diametre en contient 7. Ou le quarré des huict neufuiémes du diametre d'vn cercle ne
foit pas plus grand que le mefme cercle, quoy que contre le fentiment de
Monfieur de Laleu fon maiftre , auquel il f'eft monftré tres-manifefte-
ment contraire en ce poinct. Il a pourtant ioüé tout ce jeu, que l'on pourroit prendre pour vn tour de paffepaffe , afin de ietter de la poudre aux
yeux , fans fonger f'il mal traitoit fon maiftre , f'il condamnoit Euclide,
Boëce, le P. M. M. & autres perfonnages celebres , auec lefquels il n'a pas
pris garde qu'il y a de l'honneur de paffer pour Nouice.

SECONDE PARTIE,
Où la Refutation du II Article des Pretendues
FVTILITEZ,

Où il eft monftré (1) *Que le quarré de TV, en la figure cottée HVICT,
eft plus grand que la figure de XXXII coftez circonfcrite au Cercle.
(2) Que les lignes EM & IO font égales entr'elles, & ce par vn calcul
de nombres irrationaux. (3) Que la ligne TV eft plus petite que les
huict neufuiémes du diametre XV. (4) Et Iacques Pujos aduerty de la
diftinction qu'il y a entre les mots,* attribuer *&* imputer. *(5) Et auec
quel refpect ou ciuilité il a conuaincu & condamné de contradiction
M. de Laleu, fur le faict* des Coftez de deux Quarrez inegaux
entr'eux, *que ledit fieur affeure en plufieurs endroits luy auoir efté
reuelez égaux à vn mefme Cercle.*

QVELQVE aduantage que Iacques Pujos penfe auoir en cet article,
Monfieur de Laleu fon maiftre en la cognoiffance des Mathematiques, & en tous autres refpects, & fous lequel il a fait fon cours au temple *figuré myftique*, comme il le delare en fa lettre du 1 Mars 1633 , & qu'il a
efté cy deuant remarqué, y perd fa caufe tout du long, pour la defenfe de
laquelle il fembloit auoir deu feulement prendre la plume, & fait tout le
tintamarre dont il n'a pas tenu à luy qu'il n'ait iufques à prefent eftour-
dy tout le monde.

Pour entendre ce dont eft queftion, la conftruction ou maniere de
trouuer vn quarré egal au cercle dont il f'agift fera icy repetee, & tranf-

crite comme elle est en la page 13. de la refutation des pretendues Nullitez, &c. (VOYEZ LA HVICTIESME FIGVRE.)

Soit le quarré ZCRL circonscrit au cercle NKSBG, le quarré inscrit au mesme cercle NKSC, & tirees les diagonales RCZL, soit faite CH egale à CK, & tirée la ligne AH, qui couppera le cercle KXSB au point M, soient faites CT & VL, egales à MH, & tirée la ligne TV, qui couppera AX perpendiculaire sur CL au point O.

Iacques Pujos a soustenu page 7 du libelle des Nullitez pretendues, que la ligne TV est le costé du quarré egal au cercle NKSBG, dont a entendu parler M. de Laleu. De plus, sans songer ou se soucier s'il desobligeoit ledit sieur au dernier poinct, il a dit que le costé TV, est plus petit que les huict neufuiémes du diametre YX: encores que ledit sieur de Laleu maintienne, que le quarré des huict neufuiémes du diametre est egal au cercle: Tellement que deux quarrez inegaux entr'eux sont egaux à vn mesme cercle, & sont par consequent egaux entr'eux, qui est vne mani-feste contradiction.

Le pis qu'il y a, c'est qu'en plusieurs endroits, M. de Laleu ne cele point que ces deux quadratures du Cercle ne luy ont *esté reuelees*. Il auoit de plus en la ligne 19 cotté vne particularité de cette quadrature, qui est que la ligne EM estoit egale à la ligne IO. En l'examinant par le calcul l'on a supposé que AX estant 1, & EM $1-(\sqrt{\tfrac{7}{2}}-\sqrt8)$. HM estoit $(\sqrt{28}-\sqrt{512})-2$. C'est à dire que l'on a pris le double pour le simple, tellement que l'on a trouué comme il ne pouuoit autrement arriuer que EM estoit plus grande que IO: encores qu'en effet elle soit egale. Comme il paroist par ce calcul, ou la moitié de $(\sqrt{.28}-\sqrt{512})-2$, sçauoir $(\sqrt{.7}-\sqrt{32})-1$, est prise comme elle doit pour HM. Car KC est $\sqrt2-1$. Et TC ou HM, $(\sqrt{.7}-\sqrt{32})-1$. partant KT est $\sqrt2-(\sqrt{.7}-\sqrt{32})$. EM, $1-(\sqrt{\tfrac{7}{2}}-\sqrt8)$. Mais le quarré de KT est double du quarré de EM. Doncques comme $\sqrt2$ est à 1, ainsi $\sqrt2-(\sqrt{.7}-\sqrt{32})$ est à $1-(\sqrt{.\tfrac{7}{2}}-\sqrt8)$. Multipliant le premier terme par le quatriéme, le produit, sçauoir $\sqrt2-(\sqrt{.7}-\sqrt{32})$ & celuy de 1, ou du second par le troisiéme, sçauoir $\sqrt2-(\sqrt{.7}-\sqrt{32})$ sont egaux entr'eux. Doncques EM est egale à IO, que l'on auoit conclud plus grande que IO, à cause du manque arriué en la supposition.

Il est arriué vn autre erreur, qui consiste en ce que l'on a employé vn calcul tendant à prouuer, que le double de OX estoit plus petit que le tiers de AX, pour quelque autre rencontre, comme s'il eust seruy à monstrer que OX estoit plus petite que la neufuiéme partie de AX. Si l'on eust pris le vray calcul qui estoit dans la mesme fueille de papier I. Pujos n'eust pas esté en peine de mettre au iour son analyse, & d'entrer en la caue par le grenier, en prouuant que TC est plus grande que la neufuiéme partie de AC, il en eust esté quitte en la maniere qui ensuit,

Si OX ou $\sqrt{(\tfrac{7-\sqrt{32}}{\sqrt2})}-\tfrac{1}{\sqrt2}$ est egal à $\tfrac{1}{9}$. Par antithese $\sqrt{(\tfrac{7-\sqrt{32}}{\sqrt2})}$ sera egal à $\tfrac{1}{9}+\sqrt{\tfrac{1}{\sqrt2}}$.

Et multipliant tout ce qui se trouue de chacun costé par $\sqrt2.(7-\sqrt{32})$ sera egal à $\tfrac{\sqrt2}{9}+1$. Multipliant encores tout par 9. $\sqrt{(567-\sqrt{209952})}$. sera egal à $\sqrt2+9$, prenant les quarrez de part & d'autre $567-\sqrt{209952}$

fera egal à 83 + γ 648. Et par antithefe 484 doit eftre egal à γ 648 + γ 209952. Et prenant encores vn couple quarré de ce qui fe trouue de chacun cofté. 238256 fe trouuera egal à 210600 + γ 544. 195. 584. Et par antithefe 4696 fe trouuera egal à γ 544. 195. 584. Et prenant le quarré de ce qui fe trouue de chacun cofté. 764 854. 376 fe trouuera egal à 544. 195. 584. Mais 764. 854. 376 eft plus grand que 544. 195. 584. Donc, OX ou γ ($\frac{7-\gamma 32}{\gamma 2}$) — $\frac{1}{\gamma 2}$ eft plus grande que $\frac{1}{9}$ de AX. Donc AO eft plus petit que les huiét neufuiémes de AX. Donc le quarré TV eft plus petit que le quarré des huiét neufuiémes du diametre.

(2) D'icy Iacques Pujos pourra conclurre qu'encores qu'il ne s'agiffe que de vetilles, ce dont eft queftion ne laiffe pas d'eftre obfcur, & n'eft pas fi fort aifé & agreable, à caufe de l'attention qui y eft requife, de peur de fe mefprendre. Il iugera auffi de quelle qualité, eft la confequence, par laquelle il a inferé qu'vn ou deux erreurs en deux calculs de nombres irrationaux, qui n'eft arriué que dans les premieres fuppofitions, & pour auoir pris des nombres les vns pour les autres, foit vn argument infaillible d'vne cognoiffance *tres-imparfaite de la Geometrie*, veu qu'il a eu luy mefme l'apprehenfion de f'engager en vn calcul de nombres irrationaux. Pour raifon dequoy il a examiné la derniere propofitió par la Logiftique fpecieufe : Et pour y reuffir mieux, & n'y pas faillir comme il a fait, page 32. ligne 10. au nombre γ 1660680352; & qu'il a efté cy deuant remarqué au chapitre 3. de la premiere partie, & pour efchapper vne rencontre de la Logiftique de ces mefmes nombres irrationaux, où il a bronché en la page 15, il l'ait pris de bien haut, puis qu'il ne s'agiffoit que de la neufuiéme partie de AX, & de IO, à quoy il a d'autant plus d'intereft, qu'il eft infcrit en la matricule de ces *vrais Geometres*, à qui il addreffe fon libelle *Des pretendues Futilitez* ; & qu'il fe doit garder de rien dire qui fe puiffe retorquer contre luy, & alterer la bonne odeur de fa veritable Geometrie. Il fongera auffi, fur quelle maxime, & fur quel fondement il cotte pour vn erreur en nombres irrationaux, ce qui fe trouue à redire au produit de 18 par 28, que l'on a paffé feulement pour 464, au lieu qu'il monte iufques à 504. Comme fi 18 & 28 eftoient des nombres irrationaux ; puis que d'ailleurs cet erreur n'empefche point que l'on ne prouue que le tiers de AX eft plus grand que le double de OX, & qu'il ne prouienne que de ce que l'on a mis vne vnité au lieu d'vn 2, en multipliant la premiere figure de 28 par la premiere figure de 18.

Il penfera quel plaifir il a fait à M. de Laleu, de le condamner luy mefme de contradiétion, puis qu'il a fait les frais de l'impreffion de fon libelle des pretendues Futilitez, & s'il n'euft pas mieux fait de ne rien dire la deffus, que de rendre ou tefmoignage, ou iugement contre luy, qui prejudicie plus que celuy de cent autres, qui n'ont efté fes difciples, & ne font à fes gages.

Pour recognoiftre l'auantage qui peut reuenir de ce que I. Pujos a mis en euidence vne contradiétion de M. de Laleu, en cet article, fans que rien l'obligeaft de faire voir que TV, eft plus petite que les huiét neufuiémes de YX, il fera icy monftré que, (VOYEZ LA VIII FIGVRE.)

Le quarré de la ligne TV eſt plus grand que la figure de XXXII coſtez circonſcrite au cercle NKG.

Si AX eſt fuppoſee de 5604 parties, AC coſté, du quarré inſcrit double en puiſſance de AX, fera plus petite que 7926 qui a pour quarré 62.821. 476 plus grand que 6289632 double de 31404816 quarré de 5604. La meſme ligne AC plus petite qu'il ne faut fera 7925, dont le quarré eſt 62.805. 625, plus petit que 62.809.632 double de 31.404.816, quarré de 5604. CH egale comme I. Pujos en demeure d'accord à EI, & à l'exces de AC fur AK, ou fur CX plus grande qu'il ne faut eſt 2322, egale à la difference de 7926 fur 5604, dont le quarré eſt 5.391.684. Le quarré de AI, moitié du quarré AK ou AX eſt 15.702.408. Le quarré AE egal aux quarrez AI & EI eſt plus petit que 15.702.408, & 5.391.684 pris enſemble, ou que 21.094. 092, duquel la racine qui a pour quarré 21.095.649, plus grande qu'il ne faut eſt 4598. Si l'on oſte 4593 de 5604, la difference ou 1031 fera plus petite que la difference d'entre AM & AE, ou que la ligne EM. Le quarré de AI, comme il a eſté dit eſt 15.702.408, dont la racine plus petite qu'il ne faut eſt 3961, qui a pour quarré 15.697.444. Donc 3961 eſt plus petit que AI. Adjouſtant enſemble 3961 & 1031, la ſomme ou 4993, fera plus petite que la ligne AO. Doncques le double de 4993 ou 9986 eſt plus petit que le double de AO, ou que TV. Le quarré de 9986 eſt 99.720.196 plus petit par conſequent que le quarré de TV.

D'autre coſté, parce que AC, ou le coſté du quarré inſcrit eſt plus petit que 7925, la difference d'entre 7925 & 5604 fera 2321, plus petite en effet que la moitié du coſté de l'octagone circonſcrit, dont le quarré 5.389.041 adjouſté 31404816 monte à 36.291.857, dont la racine plus petite qu'il ne faut eſt 6065, qui a ſeulement pour quarré 36.784.225, laquelle racine par conſequent eſt plus petite que le ſemidiametre de l'octagone circonſcrit. Adjouſtant 6065 & 5604, la ſomme 11669 eſt plus petite que la ligne compoſé du ſemidiametre de l'octagone inſcrit, & du ſemidiametre du Cercle. Si on prend le quarré de 2321, qui eſt 5.391.684, & qu'on l'adjouſte auec 31.404.815, quarré de 5604, ou du ſemidiametre, la ſomme reuient à 36.791.857, qui a 6067, pour racine plus grande qu'il ne faut, parce que le quarré de 6067 eſt 36.808.489, par conſequent le ſemidiametre de l'octogone circonſcrit eſt plus petit que 6067. Si l'on adjouſte 6067 auec 5604, la ſomme ou 11671 eſt plus grande que la ligne compoſee du ſemidiametre de l'octogone, & du ſemidiametre du cercle. Si par la 3 du 6 d'Euclide l'on fait comme 11671 à 5604, ainſi 2321 à vn autre terme, ſçauoir $1114\frac{5190}{11671}$. Il arriuera que $1114\frac{5190}{11671}$ eſt plus petit que la moitié du coſté de la figure de XVI coſtez circonſcrite, parce que le premier terme a eſté pris plus grand, & le troiſiéme au contraire a eſté pris plus petit qu'il ne deuoit. A plus forte raiſon 1114 fera plus petit que la moitié du coſté de la figure de XVI coſtez circonſcrite. Le quarré de 1114 ou 1240996 adjouſté à 31.404. 816 monte à 32.645.812 plus petit que le quarré du ſemidiametre de la fi- gure de XVI coſtez circonſcrite. La racine de 32.645.812 plus petite qu'il ne faut est 5713, qui a seulement pour quarré 32.638.369. Doncques la somme de 5713 & 5604, ou 11317 sera plus petite que la ligne composee du semidiametre de la figure de XVI costez circonscrite, & du semidiametre du Cercle.

Parce que la moitié du costé de l'octagone circonscrit est plus petite que 2322, le quadruple de 2322, ou 9288 est plus grand que le quart du circuit de l'octagone circonscrit. Si l'on fait par la III proposition de la II Refutation de la fausse quadrature du Cercle de M. de Laleu comme 11699 plus petit que la ligne composee du semidiametre de l'octagone circonscrit, & du semidiametre, à 11208 diametre du cercle, ainsi 9288 plus grand que le quart du circuit de l'octagone circonscrit, à vn quatriéme terme, ou $8921\frac{755}{11669}$. Il arriuera que $8921\frac{755}{11669}$ est plus grand que le quart du circuit de la figure de XVI costez circonscrite. A plus forte raison 8921 est plus grand que le quart du circuit de la figure de XVI costez circonscrite. Si l'on fait derechef comme 11317 plus petit que la ligne composee du semidiametre de la figure de XVI costez circonscrite & du semidiametre, à 11208 diametre, ainsi 8922 a vn quatriéme terme, ou $8836\frac{764}{11317}$. Il arriuera que $8836\frac{764}{11317}$ sera plus grand que le quart du circuit de la figure de XXXII costez circonscrite, par la mesme proposition. A plus forte raison 8837 est plus grand que le quart du circuit de la figure de XXXII costez circonscrite. Que l'on multiplie 8837 par 11208, le produit 99.045.096 sera plus grand que la superficie de la figure de XXXII costez circonscrite. Mais 99.045.096 quoy que plus grand qu'il ne faut est plus petit que 99.720.196, quoy que plus petit que le quarré TV. A plus forte raison *Le quarré TV est plus grand que la figure de XXXII costez circonscrite.*

Iacques Pujos page 11, ligne 10, faute de vouloir entendre la signification de ces deux mots *attribuer* & *imputer*, veut induire vne signalee contradiction, de ce qu'il a esté dit qu'aucune de trois ou quatre sortes de quadratures du Cercle n'a esté attribuee à Monsieur de Laleu, à vray dire, mais que seulement elles luy ont esté imputees sur le sens apparent de ses paroles. Il comprendra, s'il luy plaist, qu'il a *attribué* à M. de Laleu les propositions Mathematiques, dont il a publié les demonstrations au liure imprimé en 1638, qui en porte le titre, & deux manieres de trouuer vn quarré egal au Cercle: La premiere, en prenant le quarré des huict neufuiémes du diametre du mesme Cercle: La seconde, en *retranchant des diagonales AC & LS, les lignes TC & VL, egales à MH, & tirant la ligne TV,* pource qu'il l'a ainsi dit affirmatiuement: Au lieu que celles qui sont desauoüees par I. Pujos, ont seulement esté imputees audit sieur de Laleu, suiuant la signification du mot *imputer,* qui est beaucoup moindre que celle du mot *attribuer,* es escholles: C'est à dire que l'on n'a point asseuré positiuement, que se fust sa pensee, mais seulement par conjecture sur les apparences qui ont esté rapportees. Si I. Pujos se formalise qu'on ait argué M. de Laleu de contradiction, qui ce faisant n'a pas esté traité *assez de respect.* Quelle insolence & quelle irreuerence n'a-il pas commis luy Pujos, qui a conuaincu M. de Leu de contradiction en demonſtrant que la ligne TV eſt plus petite que les huict neufuiémes du diametre YX. A quoy a ſongé M. de Laleu de faire la deſpenſe de l'impreſſion des *Futilitez* de I. Pujos, où il eſt condamné de contradiction ſouueraine-ment, & ſans replique, par ſon Commis & Penſionnaire?

TROISIEME PARTIE,

Seruant de Refutation au III Article des preten-dues FVTILITEZ:

Où il eſt monſtré (1) Que le quarré des huict neufuiémes du Dia-metre d'vn Cercle eſt plus grand que la figure de XXIV coſtez circonſcrite. *Ce qui iuſtifie 1. que la concluſion que l'on pre-tendoit tirer au liuret de l'an 1638 auparauant la correction qui y a eſté faite eſtoit vraye, encores qu'il y ait eu de l'erreur, en partie faute de n'auoir ſuppoſé le ſemidiametre d'vn aſſez grand nombre de parties. (2) Que I. Pujos a ſuppoſé vne choſe fauſſe, pour arguer de faux cette propoſition :* Si le coſté du quarré inſcrit eſt ſuppoſé de 9 parties, dont le quart de la circonference eſt 10, la circonfe-rence eſt plus grande que le circuit de la figure de XXIV coſtez circonſcrite, *qui eſt prouuee en ce chapitre par la Logiſtique ſpecieuſe, ou Arithmetique alphabetique.*

IL a eſté remarqué en la page 36 de la refutation du libelle enuoyé de Lion par I. Pujos, que pendant l'impreſſion, quelqu'vn autrefois fort attaché à la propoſition de Monſieur de Laleu tant de fois rejettee, qui enſeigne que le quarré des huict neufuiémes du diametre d'vn cercle eſt egal au meſme cercle, ayant changé d'aduis, mettoit en auant, que le coſté du quarré inſcrit eſtant ſuppoſé de neuf parties, le quart de la cir-conference du cercle eſt de dix des meſmes parties. A l'occaſion de ce qui auoit eſté demonſtré au liuret de l'annee mil ſix cens trente huict, y ayant moyen de faire voir, que ceſte propoſition n'eſtoit pas ſi fort auantageuſe, parce qu'il ſ'en enſuiuoit que la circonference eſtoit plus grande que le circuit de la figure de XXIV coſtez circonſcrite, par vn calcul; où il a eſté commis le meſme erreur en vn ſigne de +, pour vn ſigne de —, que I. Pujos a laiſſé gliſſer en la douziéme ligne de la page trente deux. En ce meſme calcul, l'on pretendoit trouuer le quarré de $\sqrt{23.328} - \sqrt{17.496} - 10$. Quoy faiſant, au lieu de trouuer du coſté de la circonference $800 - \sqrt{1.632.580.752} + \sqrt{9.331.200}$. Et coſté du circuit de la figure de vingtquatre coſtez circonſcrite $40924 + \sqrt{480000} + \sqrt{6.998}$.

400.

400. L'on a trouué du costé de la circonference 800 +√1.612.580.752+√ 6.998.400. +√ 480.000. Et du costé du circuit de la figure de vingt-quatre costez circonscrite 40.124 +√ 48000. D'où l'on concluoit nettement la consequence, qui a esté rapportee cy dessus. Iacques Pujos, pour destruire ce que l'on pretendoit inferer de ce calcul, sçauoir que le circuit de la figure de vingtquatre costez circonscrite, est plus petit que dix parties, dont le circuit du quarré est de neuf, s'est fondé sur ceste proposition, sçauoir ; Que le quarré des huict neufuiémes du diametre d'vn cercle, est plus petit que le polygone de vingtquatre costez circonscrit au mesme cercle. Ce qui soit dit sans auoüer les erreurs d'impression, qui sont arriuez aux nombres qui sont és pages 37 & 38, lesquels ne peuuent estre attribuez qu'à l'Imprimeur, veu la diuersité des nombres qui sont és pages 37 & 38, où il n'y en deuroit auoir aucune. Et dont neantmoins l'on est bien empesché de deuiner la cause, pour ce qu'en la copie sur laquelle a esté faite l'impression, & és espreuues qui sont demeurees ces diuersitez de nombres ne s'y trouuent point.

Apres y auoir bien pensé, ce que l'on a peu s'imaginer, est que lors que l'on a adjousté l'Errata, il est arriué quelque bouleuersement aux characteres qui ont depuis esté ajancez par le Compagnon Imprimeur, comme il a peu, & en la façon que I. Pujos les a veus. Qui pour trouuer son compte s'est aduisé de supposer vne chose pour indubitable, comme il vient d'estre dit, & s'est fait à croire que l'on en est demeuré d'accord, A sçauoir *que le quarré des huict neufuiémes du diametre, est plus petit que la figure de XXIV costez circonscrite au mesme cercle.*

Tout au contraire, il sera icy demonstré, ce qui seruira de troisiéme Refutation, de la maniere de trouuer vn quarré egal au cercle, remise au iour és pages 130 & 131, du liuret intitulé Propositions Mathematiques de Monsieur de Laleu, demonstrees par I. Pujos, imprimé en l'an mil six cens trente-huict, que

Le quarré des huict neufuiémes du diametre d'vn cercle, est plus grand que la figure de vingt-quatre costez circonscrite au mesme cercle.

Soit AM supposé 1. le costé du triangle equilateral inscrit est √3. BA moitié du costé du dodecagone inscrit est 2 −√3. dont le quarré est 7 −√ 48. le quarré BM sera 8 −√ 48. La ligne BM sera √ (8 −√48). BM & AM prises ensemble seront (√. 8 −√48) +1. AM prise deux fois 2. Comme √ (8 −√ 48) −1. est à 2, ainsi le dodecagone circonscrit est à la figure de vingt-quatre costez circonscrite, par la II Propos. de la seconde Refutation de Monsieur de Laleu. Parce que la moitié du costé du dodecagone circonscrit vient d'estre monstrée 2 −√3. le double sçauoir 4 −√12, sera le costé entier.

Si le diametre du cercle est supposé 2, les huict neufuiémes du diametre seront $\frac{16}{9}$. Et le quarré des $\frac{8}{9}$ du diametre sera $\frac{256}{81}$. Et l'autre costé du rectangle ayant six diametres pour costé egal au quarré des $\frac{8}{9}$ du diametre sera $\frac{256}{486}$ ou $\frac{128}{243}$. Doncques le dodecagone circonscrit, egal au rectangle, compris sous six semidiametres & sous le costé du dedecagone circonscrit par la quatriéme proposition du liuret de l'an 1638, est au quarré des huict neufuiémes du diametre, ou au rectangle compris sous six semidiametres & sous $\frac{256}{486}$ du diametre, comme le costé du dodecagone circonscrit, à $\frac{128}{243}$ du diametre. Soient donc comparez (√.8—48.) +1. En second lieu 2. En troisiéme lieu 4.—√12. En quatriéme lieu $\frac{128}{243}$. Multipliant tout par 243. Au premier lieu, l'on aura (√.472.392—√162.365.651.248) +243. Au second lieu 486. Au troisiéme lieu 972—√708.588. Et au quatriéme lieu 128.

Multipliant tout ce qui est ou premier lieu sçauoir √(471.392—√167.365.651 248) +243 par ce qui se trouue au quatriéme, sçauoir par 128. le produit se trouuera √ (7.739.670.528—√44.926.874.911.493.849.088) +31104. d'vn costé.

Multipliant aussi ce qui est au second lieu, sçauoir 486, par ce qui est au troisiéme lieu, sçauoir par 972—√708.588. le produit se trouuera 471.392—√167.365.651.248. d'autre costé. Et par antithese l'on trouuera √(7.739.670.528—√44.926.874.911.493.849.088) d'vn costé, & 441.288—√167.365.651.248 d'autre costé. Et prenant les quarrez de ce qui se trouue de chacun costé, l'on trouuera d'vn costé 7.739.670.528—√44.926.874.911.493.849.088. Et d'autre costé 361.100.750.192—√130.367.870.622.245.108.528.448. Et par antithese l'on trouuera d'vn costé √130.367.870.622.425.108.328 448. Et d'autre costé 354.361.079.664+√44.926.874.911.493.849.088. Et prenant encores vn coup les quarrez de ce qui se trouue de chacun costé, l'on aura d'vn

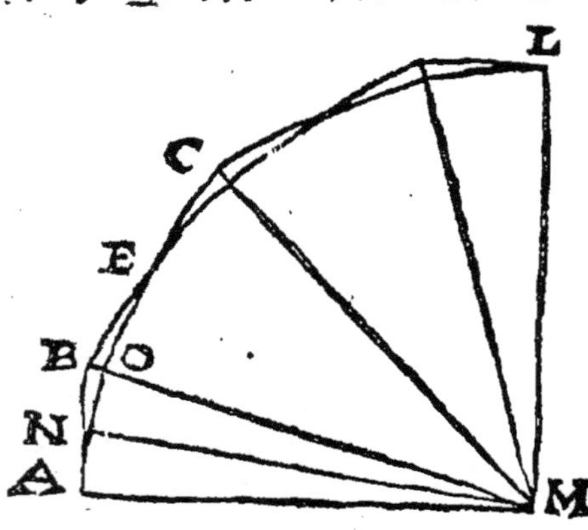

costé 130.367.866.287.693.805.832.448. Et de l'autre costé 125.571.819.707.910.766.201.984+√221.147.281.730.740.798.532.319.558.372.174.503.079.035 398. Et par antithese 4.796.050.914.914.341.126.464 d'vn costé, & √22.366 189.655.936.019.997.231.688.017.969.470.079.035.391 d'autre costé. Et prenant les quarrez de ce qui se trouue de chacun costé, l'on aura du costé du produit du premier terme par le quatriéme 23.002.103.378.450.778.181 509 762.661.970.729.369 145.296 plus grand que 22.566.189.655.936.019.997.231.688.017.969.470.079.035.391 du costé du produit du second terme par le troisiéme. Doncques par la proposition rapportee és pages 26 & 27, de la Refutation du liuret enuoyé de Lion, &c. de laquelle I. Pujos demeure d'accord la raison du premier terme au second, c'est à dire au dodecagone circonscrit à la figure de XXIV costez circonscrite, est plus grande que la raison du troisiéme terme au quatriéme, c'est à dire, du mesme dodecagone circonscrit au quarré des huict neufuiémes du diametre. Doncques par la X du V. le quarré des huict neufuiémes du diametre, est plus grand que la figure de vingtquatre costez circonscrite.

L'on remarquera icy en paſſant, qu'en la Refutation du liuret enuoyé
de Lion par I. Pujos, page 33, & non pas en la 34, où il n'en fait aucune
mention, l'on n'eſt pas demeuré d'accord que le quarré des huict neufuiémes du diametre fuſt plus petit que la figure de vingtquatre coſtez
circonſcrite : D'autant que l'on a dit ſeulement, *Qu'encore que le quarré des
huict neufuiémes du diametre, ſe trouuaſt plus petit que la figure de vingtquatre coſtez
circonſcrite, par le calcul auquel eſtoit arriué l'erreur, qui auoit eſté corrigé, il ne laiſſe
pas d'eſtre plus grand que la figure de quarantehuict coſtez circonſcrite :* Et partant
plus grand que le cercle. Pour dire que quelque erreur qui fuſt arriué au
liuret de l'an 1638, M. de Laleu auoit touſiours tort, puiſque le quarré des
huict neufuiémes du diametre eſtoit touſiours plus grand, que ce qui eſt
plus grand que le cercle. Il eſt vray, que par le calcul d'Archimede, en la
troiſiéme propoſition du liure de la meſure du cercle, le quarré des huict
neufuiémes du diametre ſe trouue ſeulement plus grand que la figure de
XCVI coſtez circonſcrite, ainſi que M. de Cray l'auoit objecté au dit ſieur
de Laleu, en la conference qu'ils ont eu enſemble en la Chambre du
Conſiſtoire de la Rochelle, en l'annee 1623. Neantmoins cela n'a pas em-
peſché qu'au liuret de l'an 1638, le meſme quarré des huict neufuiémes
du diametre n'ait eſté monſtré plus grand que la figure de XLVIII coſtez
circonſcrite. Si pour auoir ſuppoſé le diametre diuiſé en 138 parties, l'on
n'a pas peu arriuer iuſques là, que de monſtrer que le quarré des huict
neufuiémes du diametre excedoit la figure de XXIV coſtez circonſcrite,
encores que l'on ait employé la fraction de $\frac{18}{129}$, l'on ne peut dire autre
choſe ſinon que le diametre n'a pas eſté diuiſé en vn aſſez grand nombre
de parties, pour pouuoir ſçauoir ſ'il eſtoit plus grand que la figure de
XXLV coſtez circonſcrite. A voir l'arreſté de ce calcul, il ſembleroit que
que le nombre d'Archimede au liure intitulé *Arenarius*, n'y pourroit pas
ſuffire, & qu'il en faudroit encores vn plus grand : L'on a toutesfois
depuis recogneu, ainſi qu'il paroiſt en la III Refutation de la fauſſe Quadrature dont il s'agiſt ; & en la page 14 & 15 de la Refutation de la fauſſe
Quadratrice de I. Pujos, que des nombres mediocres, comme 33624 &
9999 ſuffiſent pour cela.

L'on peut auſſi recognoiſtre en quelque façon la cauſe de l'erreur arriué dans le liuret de l'an 1638, au calcul, par lequel on penſoit iuſtifier,
que la figure de vingtquatre coſtez circonſcrite, eſt plus grande que
le cercle. Car eſtant aſſeuré par ce grand calcul, que le quarré des huict
neufuiémes du diametre, eſtoit plus grand que la figure de vingtquatre
coſtez circonſcrite : il a eſté extremement aiſé de ſe laiſſer aller à l'aduis
d'vne perſonne amie, ſans auoir intention *de donner de faux aduis, pour des
veritez,* qui penſoit ſ'eſtre ſeruy auantageuſement de la fraction $\frac{18}{123}$, &
qui auoit pris les termes eſquels la XI propoſition eſtoit conceüe au ſens
de la VIII du V, & changé les termes eſquels elle auoit eſté enoncee premierement, ſans prendre garde que par ce changement ils ſignifioient
le contraire de ce que l'on auoit intention.

L'on peut auſſi remarquer que les quatre propoſitions employees és pages 16 , 17 , 28 , 29 , 30 , 31 , & 32 de la Refutation du liuret enuoyé de Lion par I. Pujos, ne font pas tout à fait des *Imaginations creufes, & qui ne feruent de rien*, comme il eſt dit page 20 , ligne 11 & 12, veu l'effet qui en paroiſt en cet endroit, ou par le calcul fait en fuite de l'vne de ces Propofitions, l'on a euité les diuifions tres-embarraſſees de nombres irrationaux polynomes.

L'on peut auſſi iuger ſi le peu d'intelligence du V d'Euclide la cauſe de ces *Speculations qu'il appelle ridicules*, (c'eſt l'epithete qu'il donne à ces quatre propofitions, dont les deux premieres font de Pappus, la IV de Loüis Foliani , qui n'euſt pas laiſſé de fe feruir de la III, dont la IV depend, en la meſme façon que la II de la premiere , ſi l'occafion ſen fuſt prefentee) puis que le principal effet eſt, de fe feruir des 8 & 10 de ce V liure: Et ſi le iugement qu'il en fait prouient d'autre chofe, que de ce que ſa capacité ne luy a iuſques à prefent permis de penetrer iuſques-là, ny d'apperceuoir, que par la multiplication feule des termes de deux raifons arrangez conuenablement, ſans trouuer vn terme commun, par la diuifion, laquelle M. de Laleu rejettoit, comme principe de Fauſſeté, l'on recognoiſt de deux raifons propofees en termes rationels ou irrationels, celle qui eſt la plus grande, tout ainſi qu'a fait Foliani.

La principale queſtion , attendu le changement du — en + , arriué par mefgarde , & les erreurs d'impreſſion cottees cy deuant, & remarquees par I. Pujos, demeureroit indecife, ſi l'on ne voyoit en cet endroit ce que l'on doit penfer de la confequence , qui fait voir l'abfurdité de ceſte propofition. *Si le quarré infcrit eſt 9 le quart de la circonference du cercle eſt 10.* Ceſte confequence a eſté arguee de faux par I. Pujos ſur vn faux fondement, comme il vient d'eſtre demonſtré. Il fera de plus iuſtifié en cet endroit, *Que ce faifant le quart de la circonference eſt plus grand que le quart du circuit de la figure de XXIV coſtez circonfcrite*, par vn calcul de Logiſtique fpecieufe, femblable à celuy dont il a voulu fe feruir, pour prouuer és pages 14 & 15 des pretendues F V T I L I T E Z , *Que la plus grande des pretendues moyennes proportionelles de M de Laleu eſt plus petite que le quart du circuit de XXIV coſtez circonfcrite*. qui a eſté reformé & corrigé au chap. 3. de la premiere partie de ce traité, & par lequel on a conclud tout le contraire de ce qu'il a aſſeuré.

Soit donc le femidiametre fuppofé eſtre B , le coſté du quarré infcrit D, les dix parties dont les neuf font le tout du coſté du quarré infcrit feront $\frac{10D}{9}$, que l'on pretend egales au quart de la circonference. Que le coſté du triangle equilateral infcrit foit C, la moitié du coſté du dodecagone circonfcrit fera 2B — C. Que l'on prenne 2B — C ſix fois , ou 12B — 6C, il arriuera que 12B — 6C eſt le quart du circuit du dodecagone circonfcrit, le quarré de 2 B — C fera 4 BB — 4 BC + CC, ou pluſtoſt 7 BB — 4 BC, parce que CC eſt egal à 3 BB. Puis que le quarré du coſté du triangle equilateral infcrit eſt triple du quarré du femidiametre. Doncques le quarré de la moitié du coſté du dodecagone circonfcrit fera 7 BB — 4 BC. Que l'on adjouſte BB auec 7 BB — 4 BB, l'on aura 8 BB — 4 BC pour quarré du femidiametre du dodecagone circonfcrit. Doncque γ(8 BB — 4 BC) eſt le femidiametre du dodecagone circonfcrit. Doncques par la II propofition de la II Refutation de la fauffe quadrature de M. de la Leu, comme $\gamma(8BB-4BC)+B$ à $2B$, ainfi le quart du circuit du dodecagone circon-fcrit ou $12B-6C$, eft au quart du circuit de la figure de XXIV coftez cir-confcrite, ou à $\dfrac{24BB-12BC}{\gamma(8BB-4BC)+B}$. Que l'on compare $\dfrac{24BB-12BC}{\gamma(8BB-4BC)+B}$ auec $\dfrac{10D}{9}$. A cet effet que l'on multiplie tout ce qui fe trouue de chacun cofté par 9.

Du cofté du quart du circuit de la figure de XXIV coftez circonfcrite l'on trouuera $\dfrac{216BB-108BC}{\gamma(8BB-4BC)+B}$, & du cofté du quart de la circonference 10 D.

Que l'on multiplie encores tout ce qui fe trouue de chacun cofté par $\gamma(8BB-4BC)+B$, l'on trouuera du cofté du quart du circuit de la figu-re de XXIV coftez circonfcrite $216BB-108BC$, & du cofté du quart de la circonference $\gamma(800BBDD-\gamma400BCDD)+10BD$. Et par antithefe, du cofté du quart du circuit de la figure de XXIV coftez circonfcrite $216BB-108BC+10BD$.

Et prenant les quarrez de ce qui fe trouue de chacun cofté. De la part du circuit de la figure de XXIV coftez circonfcrite, l'on trouuera 46656 $BBBB - 46656 BBBC - 4320 BBBD + 11664 BBCC + 2160 BBDC + 100 BB$ DC. Et du cofté du quart de la circonference $800BBDD-400BDDC$. Et par antithefe du cofté du quart du circuit de la figure de XXIV coftez circonfcrite $46656BBBB+11664BBCC+2160BBDC+400BDCC$. Et du cofté du quart de la circóference $700BBDD+46656BBBC+4320BBBD$. Parce que CC eft egal à $3BB$, il arriue que $11664BBCC$ font egaux à $33.$ $992BBBB$. Parce que DD quarré du cofté du quarré infcrit eft double du quarré du femidiametre ou de BB. Il arriue que $400BCDD$, font egaux à $800BBBC$. Et $700BBDD$ font egaux à $1400BBBB$: donc $46656 BBBB+$ $11664BBCC+2160BBDC+400BCDD$, qui fe trouuent du cofté du quart du circuit de la figure de XXIV coftez circonfcrite font egaux à 81648 $BBBB+2160BBDC+800BBBC$. Pareillement $700BBDD+46656 BBBC$ $+4320BBBD$, qui fe trouuent du cofté du quart de la circonference font egaux à $1400 BBBB+46656 BBBC+4320 BBBD$. Doncques du cofté du quart du circuit de la figure de XXIV coftez circonfcrite l'on trouuera $81648BBBB+2160BBDC+800BBBC$, & du cofté du quart de la circon-ference $1400BBBB+46656BBBC+4320BBBD$. Et oftant de part & d'au-tre $1400BBBB$, & $800 BBBC$, l'on trouuera du cofté du quart du circuit de la figure de XXIV coftez circonfcrite $80248BBBB+2160 BBDC$, & du cofté du quart de la circonference $45856 BBBC+4320 BBBD$. Et diuifant tout par BB, l'on trouuera du cofté du quart du circuit de la figure de XXIV coftez circonfcrite $80248BB+2160DC$, & du cofté du quart de la circonference $45856 BC+4320 BD$.

Que l'on prenne le quarré de ce qui fe trouue de chacun cofté l'on trouuera de la part du circuit de la figure de XXIV coftez circonfcrite $6.$ $439.741.504 BBBB+346.671.360BBDC+4 665.600DDCC$, & de la part du quart de la circonference $2.102.772.736 BBCC+596.195.840 BBDC+$ $186.624.00BBDD$. Parce que comme il a efté remarqué cy deuant CC eft egal à $3BB$: Il f'enfuit que $2.102.772.736 BBCC$ font egaux à $6.345.643.008$

BBBB, & 4.665.600 DDCC à 13.996.800 BBDD. De mesme parce que DD
est egal à 2BB, il s'ensuit que 186.624.00 BBDD sont egaux 37.324.800
BBBB, & 13.996.800 BBDD à 27.993.600 BBBB. Doncques du costé du
quart du circuit de la figure de XXIV costez circonscrite 6.439.741.504
BBBB+346.671.360 BBDC+4.665 600 DDCC sont egaux à 6.467.735.104
BBBB+346.671.360 BBDC. De mesme du costé du quart de la circonference 2.102.771.736 BBCC+396.195.84 BBDC+186 614.00 BBDD sont
egaux à 6.345.645 008 BBBB+396.196.840 BBDC. Doncques diuisant tout
par BB, du costé du quart du circuit de la figure de XXIV costez circonscrite l'on trouuera 6.467.735.104 BB+346.671.360 DC : Et du costé du
quart de la circonference 6.345.643.008 BB+396.196.840 DC. Et ostant de
part & d'autre 6.345.643.008 BB+346.671.360 DC : l'on aura du costé du
quart du circuit de la figure de XXIV costez circonscrite 122.092.096 BB.
Et du costé du quart de la circonference 49.525.480 DC. Et prenant
les quarrez de ce qui se trouue de chacun costé, l'on trouuera de la part
du quart du circuit de la figure de XXIV costez circonscrite 14.706.
479.905.673.216 BBBB. Et du costé du quart de la circonference 2452.
772.769.240.400 DDCC ou 14.716.636.615.442.400 BBBB. Doncques
parce que du costé du quart du circuit de la figure de XXIV costez circonscrite 14.706.479.905.673.216 BBBB sont plus petits que 14.716.636.
615.442.400 BBBB du costé du quart de la circonference. Ce qui est
du costé du quart du circuit de la figure de XXIV costez circonscrite
est plus petit, que ce qui est du costé du quart de la circonference.
*Doncques le quart du circuit de la figure de XXIV costez circonscrite est plus petit que
dix neufuiemes du costé du quarré inscrit.*

QVATRIEME PARTIE,

Seruant de Refutation au IV Article des preten-
dues FVTILITEZ:

L'On a peu voir cy deuant que le quarré des huict neufuiémes du
diametre est plus grand en effet que la figure de XXIV costez circonscrite, contre la pensee de I. Pujos, qui ne pourra plus douter de ce
qui est demonstré en la seconde Refutation de la pretendue quadrature
du cercle du sieur de Laleu, à sçauoir que le mesme quarré des huict
neufuiémes du diametre, est plus grand que la figure de XXXII costez
circonscrite au cercle. Le sujet qu'il en a tesmoigné auoir, ligne 30 de la
page 33, est fondé sur la transposition qu'il a bien reconnuë és lignes 16 &
17 des deux fractions $\frac{4760}{4806}$ & $\frac{304640}{307152}$, commise par l'Imprimeur, à laquelle il n'a peu raisonnablement s'arrester, puis que la conclusion qui
commence depuis la derniere ligne de la neufuieme page, & qui continue en la page 10, où l'on compare la methode par laquelle on prouue

que le quarré des huict neufuiémes du diametre est plus grand que la figure de XXXII costez circonscrite, auec la maniere qui auoit esté tenuë au liuret de l'an 1638, pour prouuer que le mesme quarré des huict neufuiémes du diametre est plus grand que la figure de XLVIII costez circonscrite. Pour le conuaincre, & luy faire reconnoistre qu'il n'a pas deu dénier qu'au liuret de l'annee 1638, il a esté demonstré en effet, que le quarré des huict neufuiémes du diametre est plus grand que le cercle. L'on rapportera icy le treziéme Proposition de cette seconde Refutation, comme elle doit estre.

XIII Proposition.

Le quarré des huict neufuiémes du diametre est plus grand que la figure de trentedeux costez circonscrite.

Par la douziéme proposition le quarré des huict neufuiémes du diametre contient $\frac{304540}{307152}$ de la figure de seize costez circonscrite. Par la IX proposition la figure de trentedeux costez circonscrite contient moins que $\frac{4760}{4806}$ de la mesme figure de seize costez circonscrite. En reduisant $\frac{304640}{307152}$ & $\frac{4760}{4806}$ à mesme denomination: $\frac{304640}{307152}$ de la figure de seize costez cilconscrite, c'est à dire le quarré des huict ueufuiéme du diametre, sont encores egaux à $\frac{1464099840}{1476173512}$ de la mesme figure, & $\frac{4760}{4806}$ de la mesme figure de seize costez circonscrite, c'est à dire de la figure de trente deux costez circonscrite, quoy qu'elle sont plus petite, en effet se trouueront aussi egaux à $\frac{1462043520}{1476173512}$: Mais $\frac{1464099840}{1476173512}$ sont plus grands que $\frac{1462043520}{1476173513}$. Doncques le quarré des huict neufuiémes du diametre est plus grand que ce qui est plus grand en effet que la figure de trente deux costez circonscrite. Doncques le quarré des huict neufuiémes du diametre d'vn cercle est plus grand que le mesme cercle.

Pour conclusion.

Si Iacques Pujos a quelque sentiment de pudeur, plus grand que n'ont accoustumé d'auoir ses compagnons d'office en la Doüane, & perception du droict du sol pour liure, s'il n'est pas *si auongle* qu'il semble l'estre, & qu'il a paru depuis le commencement de ce traité iusques icy, il pourra apperceuoir qu'il eust aussi bien fait page 37, ligne 41, de ne parler de l'edition Grecque & Latine du liure intitulé *Data Euclidis*, ny en bien ny en mal, pour ce qu'il ne sçait ny Grec ny Latin, comme il eust esté à propos, qu'il n'eust rien dit ny en bien ny en mal des Quadratures du Cercle, & Duplication du Cube de M. de Laleu son maistre, lequel à meilleur sujet se fust passé de faire les frais de l'impression des ouurages du mesme Pujos, son commis & disciple, & de prendre le soin de les faire mettre és Bibliotheques des Monasteres de Paris, & distribuer aux Professeurs, & autres personnes de sçauoir, puis qu'il y est condamné tout hautement. Vne des raisons qui pouuoit obliger I. Pujos à se taire de ceste edition des *Donnez d'Euclide*, est que Didier Henrion l'a traduit en François de mot à mot, sans s'en plaindre, luy qui auoit de bonnes aides, & qui payoit

bien les personnes qui le soulageoient, qui ne se fussent pas teuës, à l'oc-
casion de la saisie qu'il auoit fait faire d'vne autre impression du mesme
liure des *Donnez d'Euclide*, pour empescher qu'elle ne fust paracheuee,
comme il est arriué, puis qu'ils eussent eu beau moyen de la descrier. Que
le sieur Herigone page 248 du supplement de son cours Mathematic
reconnoist nettement auoir suiuy ceste mesme edition, en son premier
tome, où il l'a accommodee aux notes & marques dont il s'est seruy en
tout son ouurage. On luy pourroit dire en troisiéme lieu, qu'vn Italien
plein de reputation l'a traduite en sa langue, sept ans y a : & en monstra
en ceste ville les premieres fueilles de l'impression, qui suiuant l'apparence doit auoir esté acheuee il y a long temps. Quand on se sera donné
la patience de corriger les fautes de l'impression, suiuant l'errata qui est à
la fin, il ne se trouuera rien qui ne se doiue attribuer à Euclide. Peut estre
que I. Pujosleveut encor mal traiter, ainsi quil a fait desja, quãd il l'a voulu
faire passer pour vn Nouice, auec Nicomachus & Boëce, comme il a esté
remarqué cy dessus en la page 18. Au reste il declare ce semble qu'il est resolu de ne plus escrire sur les maigres sujets, & de la nature de ceux qu'il
appelle *Nullitez & Futilitez*. S'il auoit à se taire, c'estoit premierement &
principalement de Monsieur de Laleu son Maistre, qu'il deuoit espar-
gner, & luy tesmoigner plus de respect. Il deuoit cõprendre & penetrer
dauantage ce qu'il a voulu reprendre, s'il eust esté curieux de sa reputation, sans s'amuser à broüiller du papier, pensant esbloüir les moins de-
fians, & qui n'y regardent pas de si pres, lesquels recognoistront à la fin,
qu'apres auoir donné cause gagnee sur ce dont il s'agissoit principalement, c'est à dire qu'estant demeuré d'accord de la *Fauss}eté* des pretendues *Duplication du Cube*, & *Quadrature du Cercle* du sieur de Laleu, il n'a
rien fait qui vaille, en debitant des *Nullitez & Futilitez*, qui sont en effet
des *Faussetez* bien auerees.

Fautes suruenues en l'impression.

Page 2. ligne 35, lisez ce sont ceux. Pag. 3. l. 27. lis. Auril 1642. Pag. 5 lig. 9. lis. au vent, estre
lig. 41. lis. & de tous Pag. 6. lig. 6. lis. fait? S'il, lig. 9. lis. de sa part il réueillera, lig. 10. lis. ou
que les siens comme I. Pujos, lig. 14. lis. en disciple. Pag. 6. lig. 43 lis. T A D estoient. Pag. 7.
lig. 14 lis. contre. Pag. 8. lig. 26. lis. absoluee. Pag. 10. lig. 11. lis. circonscrite. lig. 31. lis. de ses
deux pretendues moyennes. Pag. 17. lig. 45. lis. cujus major. Pag. 18 lig. . lis. petite. Pag. 19.
lig. 7. le premier lis. le dernier. Pag. 25. lig. apres la 26 lettre mettez vn Aleff. Pag. 26. ligne 2.
fractiones, lisez rationes. Ligne 2 rationes, lisez fractiones. Pag. 28. lig. 43. Bl 2. lisez B 2. B 40
Page 30. ligne 2. lisez plus.

www.ingramcontent.com/pod-product-compliance
Ingram Content Group UK Ltd.
Pitfield, Milton Keynes, MK11 3LW, UK
UKHW020035080726
13614UKWH00004B/1767